Taoufik Allababidi

Estudos bioquímicos sobre algumas Saccharomyces cerevisiae comerciais

Taoufik Allababidi

Estudos bioquímicos sobre algumas Saccharomyces cerevisiae comerciais

Produção de levedura de padeiro rica em antioxidantes

ScienciaScripts

Imprint

Cover image: www.ingimage.com

This book is a translation from the original published under ISBN 978-3-659-85331-9.

Publisher:
Sciencia Scripts
is a trademark of
Dodo Books Indian Ocean Ltd. and OmniScriptum S.R.L publishing group

120 High Road, East Finchley, London, N2 9ED, United Kingdom
Str. Armeneasca 28/1, office 1, Chisinau MD-2012, Republic of Moldova, Europe
Managing Directors: Ieva Konstantinova, Victoria Ursu
info@omniscriptum.com

Printed at: see last page
ISBN: 978-620-8-37476-1

Lista de conteúdos

RECONHECIMENTO

Louvor e agradecimento a ALLAH, o Misericordioso, por me ter ajudado e orientado no caminho certo

Estou em dívida para com um grande número de pessoas que me ajudaram ao longo deste doutoramento.

Dr. Hamdy Mohmoud Hasanein, do Departamento de Química da Universidade do Cairo. ***Dr. Hamdy Mohmoud Hasanein*** esteve sempre aberto quando me deparei com um problema ou tive uma pergunta sobre a minha investigação.

Gostaria de agradecer ao meu orientador, Prof**. *Dr. Elshahat Mohammad Ramadan***, que partilhou comigo muitos dos seus conhecimentos e da sua visão da investigação. Tornou-se rapidamente para mim o modelo de um investigador de sucesso neste domínio.

Estou profundamente grato à minha orientadora, ***Associated. Dr. Mervat El- Sayed,*** pelos seus comentários pormenorizados e construtivos e pelo seu importante apoio ao longo deste trabalho.

Agradeço calorosamente à ***Associada. Dra. Mona Mansor,*** pelos seus valiosos conselhos e ajuda amigável.

É difícil exagerar a minha gratidão para com o meu doutorando, ***Dr. Taha Abdel Fatah Khodeir.*** Sem a sua orientação inspiradora, o seu entusiasmo, os seus encorajamentos, a sua ajuda desinteressada, nunca conseguiria terminar o meu trabalho de doutoramento.

Agradeço ao meu colega de bancada ***Aref Kyyaly*** pela sua grande ajuda e apoio durante este trabalho.

O grande apoio que me fez continuar a trabalhar durante os meus estudos veio da minha família. Gostaria de agradecer especialmente aos meus pais (***Ghiyas & diyai)***, pelo seu amor e crença em mim, por tentarem ajudar-me de todas as formas possíveis.

Gostaria de agradecer ao meu irmão, às minhas adoráveis irmãs e a todos os amigos aqui presentes por me terem compreendido e apoiado durante estes anos.

Devo os meus sinceros agradecimentos à minha mulher ***Nour*** e ao meu filho ***Ghiyas***. Eles perderam muito com a minha investigação no estrangeiro. Sem o seu encorajamento e compreensão, ter-me-ia sido impossível terminar este trabalho.

Por último, mas não menos importante, estou grato a todos os meus amigos do laboratório de bioquímica da Universidade do Cairo, por terem sido a minha família substituta durante os muitos anos em que lá estive e pelo seu apoio moral contínuo depois disso. Do pessoal, ***Doa'a, Iman, Fatma, Ahmed, Howaida e Magda*** são especialmente agradecidos pelo seu cuidado e atenção.

Resumo

Foram isoladas, purificadas e identificadas sete estirpes de leveduras industriais activas de panificação a partir de diferentes produtos. Estas leveduras foram identificadas como *S. cerevisiae*. A estirpe *S.cerevisiae* SCC apresentou as melhores caraterísticas fermentativas, pelo que foi escolhida para um estudo mais aprofundado.

Para a produção de levedura de padeiro, foi analisada a composição bioquímica do melaço. O açúcar diminuiu de 51 para 47,9 % no melaço clarificado, devido à formação de subprodutos, tais como a desidratação da pentose e da hexose em 2-furaldeído (furfural) e 5-hidroximetil-furfural (HMF), respetivamente. Dados de análise de espectros de infravermelho (IR) indicaram fortemente o aumento da concentração de compostos aldeídicos após processos de clarificação por ácido sulfúrico.

O peso seco máximo das células ocorreu quando a concentração de furfural foi inferior a 0,30 mg/ml. Quando a concentração de furfural foi superior a 0,30 mg/ml, o furfural promoveu a diminuição do peso seco das células e da taxa de crescimento específico em todos os tratamentos. A taxa de crescimento específico e o peso seco das células permaneceram baixos até o furfural ter sido completamente consumido e, em seguida, aumentaram um pouco, mas não igual ao obtido em meios contendo baixa concentração (0,05 ou 0,1 mg/ml) de furfural. O furfural teve um efeito negativo no crescimento celular quando a sua concentração foi superior a 1,00 mg/ml. Os dados mostraram claramente que *a S.cerevisiae* SCC cultivada em meios contendo diferentes concentrações de furfural não teve um efeito real na atividade da maltase e na composição química (proteína total e hidratos de carbono totais).

A capacidade antioxidante total de *S.cerevisiae* cultivada em meios com diferentes fontes de carbono foi elucidada. A capacidade antioxidante total foi muito mais elevada nas células respiratórias cultivadas em meios de etanol ou glicerol do que nas células fermentativas cultivadas em meios de glucose ou melaço e sacarose. A sequência dos valores da capacidade antioxidante total foi: etanol > glicerol > glucose > sacarose > melaço.

Além disso, a cultura da estirpe *S.cerevisiae* SCC em furfural (0,1 e 0,5 mg/ml) melhorou a capacidade antioxidante total em 15 e 11,66 % em comparação com o controlo. O aumento da concentração de furfural superior a 0,5 mg/ml levou à diminuição da capacidade antioxidante.

Foram efectuados dois tipos diferentes de métodos de cultura para a produção de biomassa da estirpe SCC. A partir do melhor resultado de fermentação de cada tipo de cultura, o fator de rendimento foi calculado como sendo de 22,7% para a cultura em descontínuo e de 49,54% para a cultura em regime de descontínuo alimentado. Depois de as células atingirem o crescimento máximo na cultura em lote ou em regime de lote alimentado, as células foram separadas da cultura para processamento posterior. A concentração óptima de iões de cálcio, o peso seco das células e a agitação foram de 4 mM, 3-5 g/l e 150 rpm, respetivamente, a fim de obter uma elevada eficiência do processo de floculação.

A cultura de *S.cerevisiae* SCC em meio contendo melaço como fonte de carbono produziu um baixo teor de antioxidante. Foi investigado o efeito do NaCl na produção de glutatião (composto antioxidante) na estirpe SCC. A estirpe de levedura SCC foi cultivada em meios contendo diferentes concentrações de cloreto de sódio.

A 1 e 2 % de NaCl, o peso seco das células da estirpe SCC foi ligeiramente afetado quando comparado com o controlo. O NaCl pode melhorar a acumulação de glutatião. O teor máximo de glutatião (18 mg/g de células secas de levedura) foi registado a 1% de NaCl. Por outro lado, o glicerol e o poder de gaseificação aumentaram com o aumento da concentração de NaCl no meio de crescimento, e atingiram o máximo de 220 mg/g de células secas e 44 cm^3 a 2% de NaCl, respetivamente. Acima desta concentração, o teor de glicerol e o poder de gaseificação voltaram a diminuir.

Na mesma tendência, o aumento do potencial osmótico no meio aumentou o teor de glutatião, o glicerol e o poder de gaseificação. Os valores mais elevados do teor de GSH foram registados após 120 minutos em meio contendo 10 % de glicose, seguido de 20 %, sendo 35,32 e 26,0 mg/g de células secas, respetivamente. O aumento do tempo de incubação para mais de 120 minutos levou a uma ligeira diminuição do teor de GSH nestas concentrações de glucose.

O teor de glicerol manteve-se aproximadamente constante durante os 30 minutos seguintes em meio com 10 ou 20 % de glucose, diminuindo depois com o aumento do tempo de incubação para além dos 60 minutos. O teor máximo de glicerol foi registado aos 90 minutos em meio com 30 % de glicerol, sendo de 230 mg/g de células secas. O aumento do potencial osmótico no meio levou a um aumento do poder de gaseificação. Por conseguinte, os valores elevados do poder de gaseificação foram registados a 20 e 30 % de glucose, sendo 66 cm^3 após 30 minutos ou 71 cm^3 após 60 minutos de incubação, respetivamente. Estes tratamentos melhoraram o GSH (antioxidante), o teor de glicerol e o poder de gaseificação da estirpe SCC.

A produção de levedura enriquecida com selénio como selénio orgânico mostrou que para obter levedura de panificação de boa qualidade, a concentração de selenito de sódio no meio para o cultivo de levedura deve estar na gama de 0,5 a 2 µg Se/ml. Sob estas concentrações de selénio no meio, a biomassa, a composição bioquímica e as propriedades de panificação da levedura *S. cerevisiae* SCC não diferiram da levedura cultivada no meio sem selénio

As células cultivadas no meio de melaço com diferentes concentrações de selênio; que adicionado no tempo zero ou após 24 h de incubação mostrou que o conteúdo de selênio orgânico nas células, que cultivadas em meio contendo (0,5, 1,0 e 2,0 µg/ml) foram 21, 31, e 67 µg Se/g de peso seco de levedura, respetivamente. A concentração de selénio orgânico nas células sujeitas a selénio (0,5, 1,0 e 2,0 µg/ml) após 24 h de incubação foram baixas (4, 6,9 e 5 µg Se/g de peso seco de levedura). Não foi observado um efeito claramente inibido no crescimento ou no poder de gaseificação das células em todas as concentrações de selénio, em comparação com a experiência de controlo.

A biodisponibilidade do selénio (Se) na levedura Se foi avaliada através da medição da acumulação de Se e da atividade da glutationa peroxidase (GSH-Pxe). Durante 6 semanas, os animais experimentais foram submetidos a uma dieta de levedura com um nível gradual (0,9, 1,8, 3,2 e 3,6 µg de Se/100 g de peso vivo/dia). Os resultados não mostraram qualquer influência na função renal (CK), na função hepática (AST, ALT, ALK, proteína e albumina) e na glucose no soro, bem como nos estudos histopatológicos. O teor de Se e a atividade da glutationa peroxidase (GSH-Px) nos eritrócitos aumentaram gradualmente com o aumento do Se suplementado. Pode ser recomendada a utilização de levedura de selénio (levedura de padeiro de alta qualidade contendo selénio) no processo de cozedura para controlar o nível de selénio no produto final como fonte de substância antioxidante nos alimentos para proteção contra diferentes doenças. Do ponto de vista económico, a utilização de levedura de selénio em vez de medicamentos com selénio permite poupar muito dinheiro e tempo.

Palavras-chave: Levedura de padeiro, furfural, capacidade antioxidante total, glutatião, glicerol, levedura enriquecida com selénio e glutatião peroxidase.

Introdução

Uma vez que as leveduras têm uma imagem positiva junto dos consumidores, são consideradas como uma fonte segura de ingredientes e aditivos para o processamento de alimentos. *A Saccharomyces cerevisiae* desempenha um papel muito importante nos processos de fabrico de pão. Para além disso, *a* própria *S. cerevisiae* é utilizada como suplemento alimentar porque contém moléculas que promovem a saúde, tais como vitaminas, aminoácidos e β-glucano (Eicher *et al,* 2006).

Mais recentemente, o interesse crescente em antioxidantes naturais deu origem à análise de fontes microbianas para a obtenção de compostos que substituam os compostos sintéticos atualmente utilizados como antioxidantes alimentares. Os antioxidantes naturais podem também ser utilizados em aplicações nutracêuticas como suplementos. Presume-se que os oxidantes naturais são mais seguros para os seres humanos. As leveduras sintetizam uma série de compostos bioactivos que podem servir como antioxidantes (por exemplo, glutatião) (Abbas, 2006).

O glutatião é um componente importante dos mecanismos celulares que protegem contra os raios UV, os metais pesados e muitas substâncias orgânicas exógenas. O glutatião também desempenha um papel de defesa sacrificial contra os danos oxidativos nos organismos. Recentemente, vários estudos descreveram estirpes de leveduras produtoras de glutatião, que são normalmente utilizadas para a produção comercial de glutatião (Cha *et al,* 2004).

Além disso, a levedura tem uma certa capacidade de enriquecimento de oligoelementos como o selénio. Pode converter selénio inorgânico em espécies orgânicas e pode ser utilizada como um transportador de Se. Assim, a sua biodisponibilidade no corpo humano é melhorada, o que pode aumentar os níveis de atividade da glutationa peroxidase e reduzir o nível de radicais livres no ser humano.

A levedura de padeiro é uma fonte barata de biomassa, um subproduto da fermentação em grande escala, e demonstrou absorver selénio e acumular glutatião (GSH).

Objetivo do trabalho

Este trabalho teve como objetivo aumentar a produção de antioxidante a partir de *S.cerevisae* sem afetar as propriedades de panificação das células e a produção de levedura com selénio, mantendo o equilíbrio entre a incorporação de selénio e o crescimento ótimo sem afetar as propriedades de panificação das células. Estas células poderiam ser adicionadas à massa para o processo de cozedura e aumentar o nível de antioxidante no pão.

50, este trabalho divide-se em três partes principais:

1- ***Parte I: Propagação e comportamento da levedura de padeiro***

- Foram isoladas, purificadas e identificadas sete estirpes de leveduras secas industriais activas de panificação a partir de diferentes produtos.
- Determinação da composição bioquímica das matérias-primas.
- Crescimento, composição bioquímica e qualidade da estirpe de levedura de panificação na presença de diferentes concentrações de furfural.
- Comparação entre dois métodos de cultivo diferentes (cultivo em lotes e em lotes alimentados).
- Determinação dos factores que afectam os processos de floculação.

2- ***Parte II: Melhoria dos antioxidantes:***

- Efeito da fonte de carbono no nível de antioxidantes nas células.
- Efeito do furfural no nível de células antioxidantes.
- Efeito do pré-tratamento com diferentes concentrações de NaCl no nível de antioxidantes, biomassa, glicerol e poder de gaseificação.
- Efeito do potencial hiperosmótico no nível de antioxidantes, glicerol e poder gaseificante.

3- ***Parte III: Preparação e avaliação da levedura de selénio :***

- Preparação de levedura de panificação enriquecida com selénio, sem afetar as suas propriedades de panificação, através do cultivo da estirpe selecionada em diferentes concentrações de selénio no meio de crescimento.
- Efeito da levedura de selénio no fígado, rim e coração em animais experimentais.

1- Atividade da glutationa peroxidase nos glóbulos vermelhos.

2- Função hepática (AST, ALT, AKL, proteínas e albumina).

3- Função renal.

4- Função cardíaca.

5- Glicose e hemoglobina.

6- **Captura I:**

7- **Captura I:**

Captura I: Revisão

I-I-Saccharomyces cerevisiae

As estirpes *de Saccharomyces cerevisiae* são utilizadas há muito tempo para fermentar os açúcares do arroz, trigo, cevada e milho para produzir bebidas alcoólicas e, na indústria da panificação, para expandir ou aumentar a massa. *A Saccharomyces cerevisiae* é normalmente utilizada como levedura de padeiro e para alguns tipos de fermentação.

Uma vez que as leveduras têm uma imagem positiva junto dos consumidores, são consideradas como uma fonte segura de ingredientes e aditivos para a transformação de alimentos. As preparações de leveduras de panificação e de cerveja estão disponíveis há muitos anos como suplementos dietéticos e nutritivos devido ao seu elevado teor de vitaminas B, proteínas, péptidos, aminoácidos e minerais vestigiais. Além disso, as leveduras são frequentemente consideradas como uma fonte alternativa de proteínas para consumo humano. Atualmente, muitos produtos são derivados de leveduras e cerca de 15-20% da produção industrial global de leveduras é utilizada para este fim (Fleet, 2006).

Os interesses recentes incluem a utilização de leveduras para enriquecer os alimentos e a dieta com vitaminas (por exemplo, ácido fólico), antioxidantes (por exemplo, glutatião) e iões metálicos como o selénio e o crómio. Os b-(1→3) - e b-(1→6)-glucanos da parede celular da levedura exibem algumas propriedades funcionais muito atractivas. Podem estimular o sistema imunitário, reduzir o colesterol sérico e apresentar atividade antitumoral. Além disso, os polissacáridos da parede celular da levedura também absorvem micotoxinas (Fleet, 2006).

Para além disso, *S. cerevisiae* e outras leveduras têm sido amplamente utilizadas em aplicações médicas e na produção de terapêuticas, uma vez que o seu elevado nível de expressão proteica é uma vantagem para a produção de proteínas medicamente importantes. Estas proteínas terapêuticas incluem hormonas, factores de crescimento, proteínas do sangue, enzimas e interferão (Horst, 2005).

I-2-Técnicas de cultura para a produção de levedura de panificação

As técnicas de cultura podem ser classificadas em operação em batelada, em batelada alimentada e contínua (Harada *et al,* 1997).

I-2-1-Processos descontínuos

Nos processos descontínuos, todos os nutrientes necessários ao crescimento celular e à formação de produtos estão presentes no meio antes do cultivo. O oxigénio é fornecido por aeração. A paragem do crescimento reflecte o esgotamento do substrato limitante no meio.

I-2-2-Processos por lotes alimentados

Uma operação em lote alimentado é aquela em que um ou mais nutrientes são adicionados contínua ou intermitentemente ao meio inicial após o início do cultivo ou a partir da metade do processo em lote. Na tabela, a operação em lote alimentado está dividida em dois modelos básicos, um sem controlo de retorno e outro com controlo de retorno. Os processos em batelada alimentada têm sido utilizados para evitar a inibição do substrato, o efeito da glucose e a repressão de catabolitos, bem como para mutantes auxotróficos.

I-2-3-Operações contínuas

Num quimióstato sem controlo de retorno, o meio de alimentação contendo todos os nutrientes é continuamente alimentado a uma taxa constante (taxa de diluição) e o caldo cultivado é simultaneamente removido do fermentador à mesma taxa. O *quimiostato* é bastante útil na otimização da formulação do meio e para investigar o estado fisiológico do microrganismo. *Um turbidostato* com controlo de retorno é um processo contínuo para manter a concentração de células a um nível constante através do controlo da taxa de alimentação do meio. *Um nutristut* com controlo de feedback é uma técnica de cultivo para manter uma concentração de nutrientes a um nível constante. Um *fuxostato* é um nutristato alargado que mantém o valor do pH do meio no fermentador num valor predefinido.

I-3-Matérias-primas

Os melaços, que são os subprodutos dos processos de extração da beterraba sacarina ou da cana-de-açúcar, estão entre as matérias-primas mais importantes da indústria de fermentação, especialmente para a produção de levedura de padeiro, ácido cítrico, leveduras alimentares, acetona/butanol, ácidos orgânicos, aminoácidos, antibióticos e enzimas (Çalik *et al,* 2001).

O melaço de beterraba sacarina é o principal subproduto da produção de açúcar de mesa. O melaço de centeio é o subproduto remanescente da produção de açúcar bruto a partir da cana-de-açúcar, sendo o tipo predominante de melaço de cana. O melaço de alto teor de açúcar ou xarope de cana invertido é um subproduto das refinarias em que o açúcar bruto é refinado em açúcar branco ou de mesa. Tanto o melaço de centeio como o melaço de beterraba são amplamente utilizados na indústria de fermentação.

A composição do melaço varia de ano para ano, uma vez que depende de muitos factores, tais como a variedade de cana-de-açúcar ou de beterraba, o tipo de solo, as condições climáticas (pluviosidade, insolação), a época da colheita e as condições do processo. O melaço é uma boa fonte de carbono para o metabolismo dos microrganismos. O melaço de cana-de-açúcar é um material agroindustrial abundante produzido em muitos países e o seu baixo custo é um fator importante para a viabilidade económica das substâncias produzidas por fermentação. Sua composição é rica em sais orgânicos como nitrogênio, fosfatos, cálcio e magnésio, bem como micronutrientes como zinco, anganês, cobre e ferro, além de muitos aminoácidos (Cazetta e Celligoi, 2006).

Mas o sobreaquecimento do melaço de cana, na refinaria ou na fábrica de leveduras, leva à produção de concentrações apreciáveis de compostos furânicos (Rose e Vijayalakshmi, 1993). Além disso, a melhoria da eficiência das fábricas de açúcar resultou na produção de melaço de baixa qualidade com baixo teor de açúcar e alto teor de cinzas e, ao mesmo tempo, com substâncias que afectam negativamente o crescimento e a eficiência de fermentação das leveduras. A clarificação pode remover estes contaminantes que actuam como inibidores do crescimento da levedura (Misra *et al,* 2004). A tabela a seguir mostra a composição média do melaço de beterraba europeu, americano e brasileiro.

I-3-1-Processos de clarificação

O melaço deve ser modificado por alguns processos de pré-tratamento antes de ser utilizado como substrato em bioprocessos (Çalik *et al,* 2001). Os melhores resultados foram obtidos quando o melaço foi clarificado com ácido sulfúrico ($H_2 SO_4$). Além disso, a clarificação com cal e superfosfato também produziu resultados satisfatórios. Em geral, todas as técnicas de clarificação produziram melhores resultados quando comparadas com os métodos de controlo (Misra *et al,* 2004).

Martin *et al,* (2007) observaram que o baixo rendimento total de açúcar do bagaço impregnado com $H_2 SO_4$ se devia em grande parte à formação de subprodutos, como a desidratação da xilose em furfural. A impregnação com ácido sulfúrico levou a um aumento de três vezes na concentração dos inibidores de fermentação (furfural e 5-hidroximetilfurfural (HMF)).

Compostos de I-3-2-furano (compostos de aldeído)

O furfural e o 5-hidroximetilfurfural (HMF) são os respectivos produtos de hidrólise das pentoses e das hexoses. Como tal, estarão presentes nos meios de vários processos biotecnológicos em que as pentoses e/ou hexoses são tratadas termicamente, ou em processos em que estes açúcares são obtidos a partir de materiais lignocelulósicos por hidrólise ácida (Modig *et al,* 2002).

Estes compostos reduzem as actividades enzimáticas e biológicas, decompõem o ADN e inibem a síntese de proteínas e de ARN. As leveduras podem ser mortas pelas substâncias inibidoras

Composição média (%) do melaço de beterraba da Europa (A) e dos EUA (B) versus amostras de melaço de cana preta do Brasil e das Caraíbas (Harada *et al,* 1997).

Componente	Melaço de beterraba		Correia preta
	Coluna A	**Coluna B**	
água	16.5	19.2	18.0
sacarose	51.0	48.9	32.0
glicose + frutose	1.0	0.5	27.0
rafinose	1.0	1.3	--
Orgânico sem açúcar	19.0	18.1	14.0
cinza	11.5	12.1	9.0
Competência em matéria de cinzas			
SiO2	0.1	--	0.7
K2O	3.9	6.4	3.5
CaO	0.26	0.21	1.9
Mgo	0.16	0.12	0.1
P2O5	0.06	0.03	0.2
Na O_2	1.3	1.6	--

Fe_2O_3	0.02	0.03	0.4
Al_2O_3	0.07	--	-
CO_3	3.5	--	-
Sulfitos SO_3	0.55	0.74	1.8
Cl	1.6	0.8	0.4
Vitaminas (mg/100g)			
Tiamina (B)1	1.3	0.01	8.3
Riboflavina (B2)	0.4	1.1	2.5
Ácido nicotínico	51.0	8.0	21.0
Ca-pantotenato (B)3	1.3	0.7	21.4
Ácido fólico	2.1	0.025	0.04
Piridoxina-HCl	5.4	--	6.5
Biotina	0.05	--	1.2

mesmo a baixas concentrações. A maioria das leveduras, incluindo as estirpes industriais, são susceptíveis aos complexos associados ao pré-tratamento da hidrólise ácida diluída (Liu. 2006).

Verificou-se que o furfural inibe a atividade in vitro de várias enzimas importantes no catabolismo primário do carbono, tais como a hexoquinase, a aldolase, a fosfofrutoquinase, a triosefosfato desidrogenase e a álcool desidrogenase. Entre estas enzimas, as duas últimas parecem ser as mais sensíveis (Banerjee *et al.,* 1981). Contudo, a inibição de certas enzimas não glicolíticas, como a piruvato desidrogenase e a aldeído desidrogenase, é ainda mais grave (Modig *et al,* 2002).

I-3-3-Resposta de leveduras ao furfural e ao 5-hidroximetilfurfural

O furfural foi considerado um forte inibidor da *Saccharomyces cerevisiae.* Verificou-se que a concentração de furfural superior a 1 g/l diminui significativamente a taxa de evolução do CO_2 , a multiplicação celular e o número total de células viáveis na fase inicial da fermentação (Palmqvist *et al,* 1999 e Taherzadeh *et al,* 1999).

O HMF está quimicamente relacionado com o furfural e, por isso, tem efeitos inibitórios semelhantes aos do furfural, exceto que tem uma taxa de conversão mais baixa, que pode ser devida a uma menor permeabilidade da membrana (Larsson *et al,* 1999). Taherzadeh (2000) mostrou que uma adição de 4 g/l de HMF diminuiu a taxa de evolução do CO_2 (32%), a taxa de produção de etanol (40%) e a taxa de crescimento específico (70%). No entanto, estes efeitos inibitórios foram inferiores aos causados pela mesma quantidade de furfural, pelo que o HMF não pode ser considerado tão tóxico como o furfural para o crescimento e a fermentação de *Saccharomyces cerevisiae.*

Liu *et al,* (2004) verificaram que, a 10 mM, *a Saccharomyces cerevisiae* ATCC 211239 apresentava uma fase de atraso prolongada de 8 e 4 h para culturas tratadas com furfural e HMF, respetivamente, em comparação com a do controlo. Para culturas que crescem em meios tratados com inibidor 30 mM, este tempo de atraso estendeu-se a 24 e 16 h para a estirpe ATCC 211239 para furfural e HMF, respetivamente.

Duarte *et al,* (2005) verificaram que 0,5 g/l de furfural diminuía a taxa de crescimento específico de *Debaryomyces hansenii* CCMI 941. Olsson e Hahn-Hagerdal

(1996) relataram que 1 g/l de furfural resultou numa inibição de 47% do crescimento de *P. stipitis*, e 2 g/l de furfural resultou numa inibição de 99 e 90% em *P. stipitis* e *Saccharomyces cerevisiae,* respetivamente.

I-3-4-Detoxificação in situ por Saccharomyces cerevisiae

A Saccharomyces cerevisiae tem a capacidade de efetuar a desintoxicação in situ, convertendo os inibidores presentes nos hidrolisados em compostos menos tóxicos (Chung e Lee, 1985 e Nishikawa *et al,* 1988). Foi observada uma tolerância reduzida ao furfural em mutantes de deleção selectiva de genes na via das pentoses fosfato (Gorsich *et al,* 2006). Este facto sugere uma relação potencial entre estes genes e a redução do furfural. Liu *et al,* (2004) propuseram que, na presença de HMF, a levedura reduz o grupo aldeído no anel furano de HMF num álcool, de uma forma semelhante à do furfural. A acumulação deste metabolito biotransformado pode ser menos tóxico para as culturas de levedura do que o HMF, como evidenciado pela rápida fermentação da levedura e pelas taxas de crescimento associadas à conversão do HMF.

I-3-5-Metabolic via de conversão das inibições

Durante a fermentação anaeróbia, a redução do furfural a álcool furfurílico ocorre com rendimentos elevados, enquanto que o ácido furoico é produzido a partir da oxidação do furfural durante o cultivo aeróbio (Palmqvist *et al,* 1999 e Taherzadeh *et al,* 1999). Em ambos os casos, acredita-se que a desidrogenase alcoólica dependente de NADH (ADH) é responsável pela conversão do furfural em leveduras (Modig *et al,* 2002), como se mostra na figura seguinte.

Por outro lado, a taxa de conversão do furfural é muito mais rápida do que a taxa de conversão do HMF (Taherzadeh *et al,* 2000). Além disso, o HMF é convertido em álcool furfurílico 5-hidroximetil (Taherzadeh *et al,* 1999) com um mecanismo semelhante ao demonstrado no caso da conversão do furfural. Mais tarde, Liu (2004) propôs que o produto da conversão do HMF é o 2,5-bis-hidroximetilfurano.

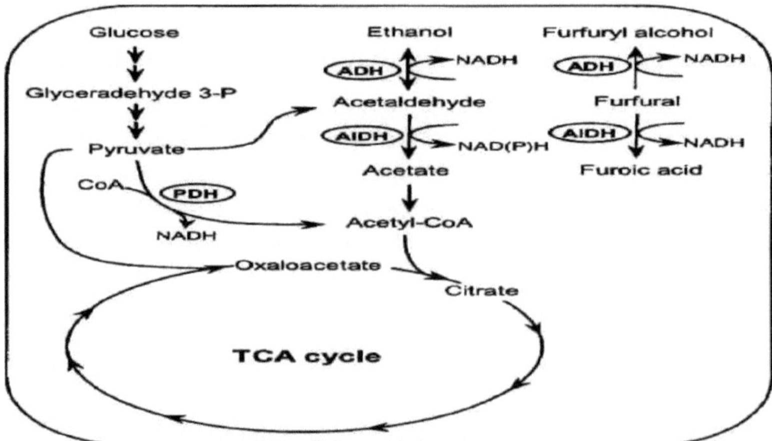

Esquema simplificado que mostra as principais vias do metabolismo da levedura *S. cerevisiae* e os possíveis locais de interação com o furfural (Moding *et al,* 2002).

Processo de floculação da I-4-Saccharomyces cerevisiae

A floculação é um processo bioquímico e físico no qual as células de levedura aderem umas às outras, desenvolvendo agregados que podem ser rapidamente separados do meio por auto-sedimentação. A floculação das células de levedura envolve proteínas semelhantes a lectinas - as chamadas floculinas - que se destacam das paredes celulares das células floculentas e se ligam seletivamente a resíduos de manose presentes nas paredes celulares das células de levedura adjacentes. Os iões de cálcio no meio são necessários para ativar as floculinas. Os factores que influenciam a floculação podem, portanto, ser divididos em três grupos: o fundo genético da estirpe, os factores ambientais que influenciam a expressão do gene FLO e a ativação da proteína Flo, e os factores que actuam sobre as interações físicas entre as células de levedura, como se mostra na figura seguinte. As floculinas são codificadas por genes específicos, os chamados genes FLO, tais como FLO1, FLO5, FLO8 e FLO11. A atividade de transcrição dos genes de floculação é influenciada pelo estado nutricional das células de levedura, bem como por outros factores de stress (Verstrepen *et al,* 2003).

A floculação não é apenas um processo bioquímico, mas implica também uma interação física: as células precisam de colidir para se ligarem umas às outras. Por conseguinte, os factores que influenciam estas interações célula-célula também desempenham um papel importante, mesmo que não influenciem a atividade dos genes FLO. Estes factores incluem a composição química do meio, em particular o teor de sal e de açúcar, o pH, a temperatura, o arejamento e a agitação (Domingues *et al,* 2000).

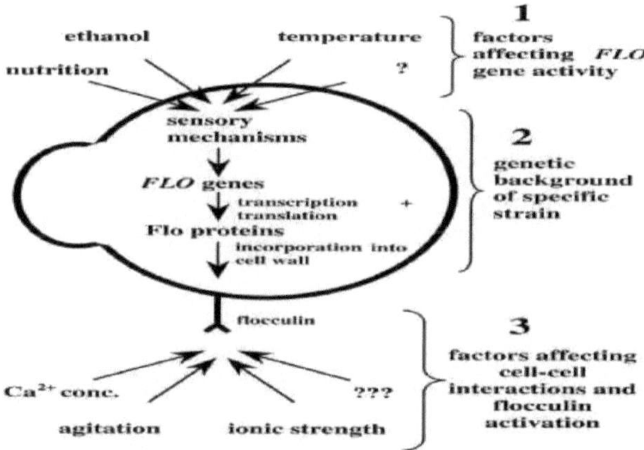

Este esquema mostra os principais factores que afectam a floculação. Podem distinguir-se três categorias de factores de acordo com o seu modo de ação. Naturalmente, alguns factores actuam através de mais do que um mecanismo (Verstrepen *et al,* 2003).

I-4-1-Factores que influenciam a floculação

Os factores que aumentam a frequência de colisão entre as células, por exemplo, a agitação do meio de crescimento, podem promover a floculação. Os factores que aumentam o carácter hidrofóbico das paredes celulares da levedura (hidrofobicidade da superfície celular) ou os factores que diminuem as cargas electrostáticas negativas repulsivas nas paredes celulares (carga da superfície celular) são também conhecidos por causarem uma floculação mais forte, presumivelmente porque facilitam o contacto célula-célula (Verstrepen *et al,* 2003).

I-4-1-1-Composição dos meios de comunicação social

Os catiões são essenciais na indução da floculação e podem ativar lectinas de superfície específicas; além disso, os catiões podem reduzir as forças de repulsão eletrostática entre as células ligando-se a grupos aniónicos da parede celular. Embora existam alguns dados controversos na literatura relativamente a outros catiões, é amplamente aceite a "ativação" da floculação por iões de cálcio. (Domingues *et al,* 2000; Soares e Seynave, 2000).

Soares *et al,* (2004) concluíram que: 1) As fontes de carbono de carboidratos parecem ser os nutrientes que estimulam a perda de floculação em meio mínimo definido (YNB). 2) Todas as fontes de carbono de hidratos de carbono metabolizáveis (glucose, frutose, galactose, maltose e sacarose) induziram a perda de floculação em YNB, enquanto o etanol não o fez. Estes resultados sugerem que a perda de floculação é um processo dependente da fermentação. 3) A taxa de perda de floculação induzida pelo açúcar parece estar associada à taxa de metabolização do açúcar. 4) A perda de floculação requer provavelmente energia e este processo é bloqueado pelo etanol através de um mecanismo desconhecido. 5) O crescimento não implica o desencadeamento da perda de floculação, uma vez que as células cultivadas em meio com etanol permaneceram totalmente floculentas. 6) a perda de floculação induzida pela glucose requer a síntese de novas proteínas, através de um mecanismo desconhecido, uma vez que a adição de ciclo-heximida às células que crescem com glucose prejudica a perda de floculação.

Sampermans *et al,* (2004) concluíram que o início da floculação ocorre quando é atingida uma baixa concentração de açúcar e/ou azoto nos meios de cultura. O desencadeamento da floculação é um processo dependente da energia, influenciado pelo metabolismo da fonte de carbono. A presença de uma fonte externa de azoto não é necessária para o desenvolvimento de um fenótipo floculento.

I-4-1-2-Agitação

A agitação foi considerada importante para o processo de floculação da *Saccharomyces cerevisiae*. Rhymes e Smart (2001) verificaram que o armazenamento da levedura de cerveja NCYC2593 a temperaturas elevadas (25°C) e sob agitação regular (agitação a 120 rpm) resultou num aumento significativo da percentagem de floculação. Além disso, tem dois efeitos antagónicos: Por um lado, o aumento da taxa de colisão das partículas induz a floculação e, por outro lado, o aumento das forças de cisalhamento provoca a rutura das partículas (Domingues *et al,* 2000).

I-4-1-3-pH e temperatura

Estudos mais recentes mostraram que a floculação pode ocorrer entre pH 1,5 e 9, indicando claramente que o pH não é o fator dominante que causa a floculação. Isto não significa que o pH não tenha qualquer importância. De facto, foi demonstrado que a floculação da levedura é óptima em condições ligeiramente ácidas; todas as estirpes são capazes de se instalar numa vasta gama de pH (3-9) (Soares e Seynaeve, 2000). No entanto, uma menor carga superficial causada por uma maior concentração de iões de hidrogénio pode ter um papel a desempenhar na teoria coloidal da floculação (Jin e Speers. 1998).

Além disso, alguns relatórios afirmam que existe pouco ou nenhum efeito da temperatura no comportamento de floculação, desde que a temperatura se mantenha dentro da gama fisiológica (15-32°C). Outra investigação confirmou que a floculação das estirpes de lager é óptima acima de 10°C e diminui drasticamente abaixo de 5°C. Noutros casos, a floculação é reprimida a 25°C e as células sedimentam de forma óptima a temperaturas mais baixas (5°C) (Verstrepen *et al,* 2003).

Finalmente, a engenharia genética pode fornecer a melhor forma de adaptar as propriedades da levedura às exigências do fabricante de cerveja. Mas como (uma minoria) do público ainda está bastante desconfiado sobre o uso de organismos geneticamente modificados na indústria alimentar, a implementação em larga escala de leveduras geneticamente modificadas na cervejaria ainda não é possível (Verstrepen *et al,* 2003).

Sistemas de eliminação de I-5-Saccharomyces cerevisiae

Certas estirpes de leveduras segregam uma toxina proteica, que inibe o crescimento de agentes patogénicos e leveduras sensíveis. Estudos demonstraram que a produção da toxina depende da presença de plasmídeos lineares de ADN de cadeia dupla nas leveduras assassinas (Banerjee e Verma, 2000).

O fenótipo assassino de *Saccharomyces cerevisiae* (K1, K2 e K28) está associado à presença de dsRNA M de tamanho diferente herdado citoplasmaticamente

(vírus satélite) coexistindo com dsRNA L-A (vírus auxiliar). As toxinas killer K1 e K2 ligam-se a β-1,6-D glucanos na parede celular e perturbam a função da membrana, enquanto a toxina killer K28 se liga à manoproteína ligada a α-1,3 e provoca a inibição precoce da síntese de ADN (Melvydas *et al,* 2007).

I-5-1-Aplicação do fenómeno assassino

Foram estudadas e sugeridas várias aplicações potenciais para as leveduras assassinas e as suas toxinas. Podem ser utilizadas como agentes antifúngicos contra agentes patogénicos humanos e vegetais, devido ao seu amplo espetro de destruição de células sensíveis. Também são utilizadas em processos biotecnológicos como a fermentação, para combater as estirpes sensíveis contaminantes e a tecnologia de ADN recombinante (Selitrennikoff. 2001).

Recentemente, as propriedades antibióticas das toxinas killer produzidas pelas leveduras têm sido intensamente estudadas, bem como as possibilidades de as aplicar na imunoterapia antifúngica. Uma toxina, que ataca os alvos na superfície das células de microrganismos ou leveduras, destrói as células sensíveis mas não tem qualquer efeito tóxico nas células de eucariotas superiores. Esta propriedade é significativa não só em medicina, mas também para a criação de novas cultivares de plantas resistentes a fitopatógenos. Por conseguinte, está em curso a procura de microrganismos que produzam toxinas com um amplo espetro de atividade e que se caracterizem por propriedades antipatogénicas assassinas, com o objetivo de contribuir para a resolução dos problemas relacionados com a proteção das plantas (Meskauskienè e Melvydas, 2007).

Recentemente, observou-se que a zygocina, uma toxina proteica produzida e segregada pela levedura *Zygosaccharomyces bailii*, mata eficazmente leveduras patogénicas como *Candida albicans*, *Candida krusei* e *Candida glabrata* (Weiler e Schmitt, 2003).

Além disso, algumas estirpes de leveduras assassinas têm uma potencial atividade inibidora do crescimento de bactérias patogénicas gram-positivas, tais como *Streptococcus pyogenes, Bacillus subtilis, Sarcina lutea* e *Staphylococcus aureus (*Izgü e Altinbay . 1999).

A micocina tem uma forte antigencidade e pode provocar uma resposta imunitária se for utilizada sistemicamente, mas pode ser utilizada para administração tópica (Lowes *et al,* 2000).

I-6-Yeast respostas ao stress

Foi descrito um grande número de condições indutoras de stress, que podem ser de natureza física, química ou biológica. Incluem alterações da temperatura, da pressão osmótica, do pH e da concentração de água, iões e solutos, bem como a exposição a extremos de radiação, pressão e produtos químicos tóxicos, a condições oxidativas e à inanição de nutrientes. Alguns efeitos do stress estão implicados em mais do que um tipo de stress. Por exemplo, o NaCl provoca tanto um stress iónico como um stress osmótico. A levedura responde fisiologicamente de forma semelhante a um soluto iónico e a um soluto não iónico, como o açúcar, encolhendo-se inicialmente, excluindo a osmótica extracelular, seguida da acumulação intracelular de solutos compatíveis para restaurar o volume e o turgor da célula. No entanto, com NaCl, a levedura sofre um stress adicional devido à acumulação intracelular de Na^+ que a célula deve exportar para evitar danos celulares gerais (Tanghe *et al,* 2003).

Além disso, o microrganismo mantém uma pressão osmótica interna ligeiramente mais elevada do que a do meio circundante. Esta diferença de pressão é contrariada pela resistência da parede celular e é designada por pressão de turgor celular. Quando a osmolaridade externa se altera, há uma necessidade óbvia de as células adaptarem a sua osmolaridade interna. Após um choque hiperosmótico, as células de levedura produzem e acumulam osmoprotectores, os chamados solutos compatíveis, de modo a aumentar a osmolaridade interna. Inversamente, após uma queda da osmolaridade, as células precisam de exportar rapidamente o soluto compatível para evitar o turgor e o rebentamento celular (Tamas e Hohmann, 2003).

Em *Saccharomyces cerevisiae*, o glicerol é sintetizado pela redução da dihidroxiacetona fosfato seguida de uma desfosforilação subsequente catalisada pela glicerol-3-fosfato desidrogenase e pela glicerol-3-fosfatase, respetivamente. A sobreprodução de glicerol foi obtida através da sobreexpressão de *GPD1* ou *GPD2*, que codificam as isoformas da glicerol-3-fosfato desidrogenase (Cambon *et al,* 2006).

O glicerol é o principal soluto compatível da levedura. Para além disso, o metabolismo do glicerol desempenha um papel importante no equilíbrio redox (Mager e Siderius, 2002). Além disso, Hirasawa e Yokoigawa (2001) relataram uma acumulação significativa de glicerol por células pré-esforço antes do processo de fabrico do pão.

De acordo com Tanghe *et al,* (2003) os principais mecanismos de proteção contra o stress da levedura reconhecidos até agora, ou seja, a acumulação de trealose, a síntese de proteínas antioxidantes (superóxido dismutases (SOD) e catalases (CAT), e os antioxidantes dependentes do tiol, tioredoxina e glutationa (GSH) e outros factores, têm de facto demonstrado proteger a célula da levedura contra vários tipos de stress.

Dong *et al,* (2007) descobriram que os rendimentos máximos de trealose e GSH foram obtidos quando as células foram cultivadas sob alta pressão (1,0 MPa de pressão) durante 3 e 6 horas, respetivamente. O aumento da produção de trealose e GSH indicou que a trealose e a glutationa tinham efeitos protectores sob o stress da alta pressão.

A adição de N-acetilcisteína (NAC) (30 mg/l) e de $MnSO_4$ (4 mM) mostrou uma forte reversão do stress hiperosmótico, o que implica que os antioxidantes participaram na adaptação da levedura à hiperosmose. O tratamento com duas doses subletais de stress, especialmente a hiperosmose, aumentou o nível de GSH, CAT, SOD e a capacidade antioxidante total (T-AOC) nas células de levedura, o que indicou que a adaptação entre os stresses oxidativo e hiperosmótico foi acompanhada pela produção dos vários antioxidantes acima referidos (Lu *et al,* 2005).

I-7-Produção de antioxidantes em Saccharomyces Cerevisiae

Mais recentemente, o interesse crescente em antioxidantes naturais deu origem à análise de fontes microbianas para a obtenção de compostos que substituam os compostos sintéticos atualmente utilizados como antioxidantes alimentares. Os antioxidantes naturais podem também ser utilizados em aplicações nutracêuticas como suplementos. Presume-se que os oxidantes naturais são mais seguros para os seres humanos. As leveduras sintetizam uma série de compostos bioactivos que podem servir como antioxidantes. Estes compostos foram objeto de numerosas utilizações nos alimentos para retardar a degenerescência oxidativa das substâncias gordas e nos suplementos nutracêuticos para melhorar a saúde e o bem-estar. Trata-se do carotenoide oxigenado torulahodina, do ácido orgânico e das formas salinas do ácido cítrico, da coenzima Q ou ubiquinona, do glutatião, da hidroximetil e hidroxiletil furanona (*2H*), do tocotrienol, dos a-tocoferóis (a-TOH) e de outras formas de tocoferóis, da riboflavina (vitamina B2) e das flavinas dela derivadas, bem como do 2,4-hidroxifenil etanol (Abbas, 2006).

Dados recentes sugerem também que **os polissacáridos** revelam uma atividade antioxidante que pode resultar na sua função protetora como antioxidantes, antimutagénicos e agentes antigenotóxicos. Os derivados do beta-D-glucano demonstraram um efeito inibidor potente na peroxidação lipídica comparável ao dos antioxidantes conhecidos e exerceram uma proteção do ADN contra danos oxidativos. Os resultados indicam actividades protectoras antioxidantes, antimutagénicas e antigenotóxicas significativas dos polissacáridos de levedura e implicam a sua aplicação potencial na prevenção/terapia anticancerígena (Kogan *et al,* 2008).

O glutatião (GSH) tem múltiplas utilizações, desde a sua utilização como aromatizante de proteínas, antibiótico e antioxidante até à sua utilização como coenzima e enzima em vários tipos de reacções bioquímicas, tais como oxidação, redução e antitoxina. A GSH também pode ser usada como uma antitoxina de substâncias oxidadas que são produzidas pelo processo de oxidação do selénio no interior do corpo humano e que podem causar cancro. Nos seres humanos, a deficiência de GSH pode estar associada a muitos estados de doença, tais como cirrose hepática, doenças pulmonares, inflamações gastrointestinais e pancreáticas, diabetes, doenças neurodegenerativas e envelhecimento. Atualmente, a GSH é amplamente utilizada como medicamento e tem grande potencial para ser utilizada em aditivos alimentares e na indústria cosmética, se o preço puder ser ainda mais reduzido (Xiong *et al,* 2008).

A GSH ainda não está a ser utilizada a nível comercial. Foram efectuados muitos estudos para aumentar o rendimento da produção de GSH. O glutatião é o composto tiol não proteico mais abundante presente nos organismos vivos. É utilizado como composto farmacêutico e pode ser utilizado em aditivos alimentares e na indústria cosmética. O glutatião pode ser produzido por métodos enzimáticos na presença de ATP e dos seus três aminoácidos precursores (ácido L-glutâmico, Lcisteína, glicina). Em alternativa, o glutatião pode ser produzido por métodos fermentativos diretos utilizando açúcar como material de partida. Neste último método, *a Saccharomyces cerevisiae* e *a Candida utilis* são atualmente utilizadas para produzir glutatião à escala industrial (Li *et al,* 2004).

Santos *et al,* (2007) mostraram que as condições óptimas de cultura eram a velocidade de agitação, 300 rpm; temperatura, 20°C; pH inicial, 5; glucose, 54 g/l; e concentração de inóculo, 5%. A concentração mais elevada de GSH (154,5 mg/l) foi obtida após 72 h de fermentação. Zhang *et al,* 2006 descobriram que o meio ótimo para a produção de GSH consistia em 70 g/l de glucose, 3 g/l de extrato de levedura, 5 g/l de peptona, 70 g/l de extrato de malte, 20 g/l de melaço, 5,6 g/l de $MgSO_4$, 16 mg/l de $ZnSO_4$, 7 g/l (NH) HPO_{424} e 0,2 mg/l de tiamina. O rendimento de GSH no ponto ótimo atingiu 74,6 mg/l, o que foi 1,81 vezes superior ao do controlo.

O rendimento de GSH e o peso de células secas atingiram 1620 mg/l e 140 g/l, respetivamente, após 52 h de cultivo. Além disso, a adição optimizada de uma única dose de aminoácidos precursores (realizada tanto em experiências de frasco como de fermentador) às 32 h pode resultar num rendimento de GSH de 2020 mg/l após 38 h de cultivo. O rendimento e a produtividade de GSH aumentaram 25% e 70%, respetivamente. Além disso, o tempo de cultivo foi reduzido para 38 h, em comparação com os resultados obtidos sem a adição dos aminoácidos precursores (Wang *et al,* 2007).

Zhang *et al,* (2003) verificaram que a rápida redução da temperatura de crescimento de *Saccharomyces cerevisiae* de 30 para 10 °C resultou num aumento dos níveis de transcrição dos genes de antioxidação SOD1 [que codifica a superóxido dismutase Cu-Zn (SOD)], CTT1 (que codifica a catalase T) e GSH1 (que codifica a c-glutamilcisteína sintetase)]. As actividades celulares da SOD e da catalase também aumentaram, indicando que a redução da temperatura provocou uma resposta antioxidante.

Macierzynska *et al.* (2007) compararam a oxidação da dihidrorhodamina 123, os teores de glutatião e as actividades da superóxido dismutase (SOD) e da catalase em três estirpes de tipo selvagem de *Saccharomyces cerevisiae* cultivadas em meios com diferentes fontes de carbono. A taxa de oxidação da dihidrorhodamina 123 foi muito mais elevada nas células respiratórias cultivadas em meios de etanol ou glicerol do que nas células em fermentação cultivadas em meio de glucose. A atividade total da SOD foi mais elevada no meio de glicerol e mais baixa no meio de etanol, enquanto a atividade da catalase foi mais elevada no meio de glicerol. A sequência dos valores do teor de glutatião foi: glucose > etanol > glicerol.

I-8-Selénio

O mineral vestigial selénio (Se) é um nutriente essencial de importância fundamental para a biologia humana. O mineral vestigial Se é um nutriente crucial para a saúde humana. É um componente de várias selenoproteínas e enzimas importantes, necessárias para funções como a defesa antioxidante, a redução da inflamação, a produção de hormonas da tiroide, a síntese de ADN, a fertilidade e a reprodução. Também pode ser convertido no organismo em metabolitos de Se que se pensa reduzirem o fornecimento de sangue aos tumores e matarem as células cancerígenas. Por conseguinte, é essencial uma ingestão dietética adequada de Se (Rayman, 2004).

I-8-1-Segurança dos suplementos de selénio

Quanto à segurança do selénio, uma dose suplementar de 200 microgramas por dia faria com que a ingestão diária total de selénio de um adulto médio aumentasse para 280 a 350 microgramas. Trata-se de uma quantidade segura, uma vez que é inferior ou igual à dose de referência (DRF) para o selénio, que, para um adulto de 70 kg, foi fixada pela EPA em 350 microgramas· A DRF é definida como "uma estimativa (com uma incerteza que abrange talvez uma ordem de grandeza) de uma exposição diária da população (incluindo subgrupos sensíveis) que provavelmente não apresenta um risco apreciável de efeitos deletérios durante a vida". De acordo com esta definição, os estudos demonstraram que as doses diárias prolongadas de selénio de 750 a 850 microgramas não produzem efeitos adversos. As doses de selénio desta magnitude foram provisoriamente sugeridas para representar o "nível sem efeitos adversos" (NOAEL). O "nível mais baixo de efeitos adversos" (LOAEL), definido como a "ingestão média diária de selénio que faz com que os indivíduos de uma população desenvolvam sinais evidentes de toxicidade", é considerado da ordem dos 1540±653 microgramas/dia. Os "efeitos adversos baixos" do selénio geralmente não se desenvolvem após uma dose única desta magnitude, mas apenas após semanas ou meses de exposição. Além disso, os sinais de alerta precoce de sobrecarga de selénio são facilmente reconhecidos. Por conseguinte, existe uma ampla margem de segurança quando se tomam 200 microgramas de selénio diariamente e, mesmo que esta quantidade seja temporariamente excedida, não é necessário recear quaisquer efeitos adversos. De facto, o selénio tem um excelente registo de segurança e os únicos casos de toxicidade do selénio, que ocorreram há várias décadas, deveram-se a erros de dosagem inadvertidos por parte de fabricantes de suplementos inexperientes que não utilizavam levedura de selénio ou selenometionina nos seus produtos (Schrauzer, 2001).

Suplementação com I-8-2-Selénio

A ingestão alimentar de Se é baixa num grande número de pessoas em todo o mundo. Este facto deve-se à baixa biodisponibilidade de Se em alguns solos e, consequentemente, às baixas concentrações de Se nos tecidos vegetais. As condições do solo, como o pH, o Eh, a textura do solo e o teor de óxido/hidróxidos de ferro e matéria orgânica, têm uma influência significativa na biodisponibilidade de Se para a absorção pelas plantas (Hawkesford e Zhao, 2007).

Vários autores consideraram que a suplementação com Se pode ser benéfica para os indivíduos em regiões com níveis ambientais de Se muito baixos. Nalgumas zonas onde o Se do solo é baixo, foram adoptadas diferentes estratégias para fornecer Se suficiente à população:

1- Utilização de fertilizantes enriquecidos com Se:

Para atingir as DDR de Se, alguns países como a Finlândia, por exemplo, decidiram em 1984 adicionar selenato de sódio às terras agrícolas. Na carne e nos produtos à base de carne da Finlândia, o Se aumentou 13 vezes entre 1985 e 1991, e a fertilização induziu alterações drásticas nas concentrações de Se nos produtos agrícolas. Por exemplo, nos cereais de primavera, o aumento foi geralmente de 20-30 vezes durante os primeiros anos de suplementação (Navarro-Alarcon e Cabrera-Vique. 2008).

No entanto, é igualmente necessário monitorizar o ambiente para garantir que a biofortificação agronómica de Se não conduza a um enriquecimento significativo das massas de água. Os dados finlandeses mostram poucos indícios de enriquecimento de Se nos ecossistemas lacustres, embora algumas amostras de águas subterrâneas tenham mostrado aumentos simultâneos nas concentrações totais de N, P e Se, que podem ter resultado da lixiviação de Se dos fertilizantes para as águas subterrâneas (Hawkesford e Zhao, 2007).

2- Suplementação de animais de criação com Se:

Na Austrália, a deficiência subclínica de Se foi em grande parte eliminada como resultado de programas de intervenção que dão suplementos de Se aos animais. Várias estratégias australianas de suplementos de Se para aumentar o Se nos animais de criação. Estas estratégias incluem: a) aplicação direta de Se nas pastagens para aumentar a absorção de Se pelas plantas para a alimentação animal; b) fornecimento de selenito de sódio ou selenato incorporado em blocos de sal ou lambidas; c) administração direta de Se aos animais através de encharcamento com soluções de sal de Se, como o selenito de sódio; e d) a utilização de pellets de Se que libertam lentamente Se no intestino do animal. Recentemente, um processo tecnológico para produzir ovos, carne e leite enriquecidos com Se foi desenvolvido e introduzido com sucesso em vários países do mundo (Navarro-Alarcon e Cabrera-Vique. 2008).

Alguns autores indicaram que algumas aberrações observadas na qualidade da carne tornam necessária mais investigação. Faltam ainda investigações pormenorizadas sobre as possíveis interações entre outros nutrientes nos alimentos enriquecidos com Se. Vários grupos de investigação estão a realizar investigações para medir a biodisponibilidade de Se e as propriedades organolépticas dos alimentos enriquecidos com este elemento (Hawkesford e Zhao. 2007).

3- Ingestão humana de suplementos de multimicronutrientes contendo Se:

Durante a última década, o mercado farmacêutico ficou sobrecarregado com suplementos nutricionais ou "nutracêuticos" à base de Se. Podem distinguir-se dois tipos diferentes: a) preparações multi-vitamínicas e multi-minerais contendo Se inorgânico, outros oligoelementos e vitaminas, e b) suplementos à base de levedura *Saccharomyces cerevisiae*. Os suplementos de levedura enriquecidos com Se foram amplamente estudados (Dumont *et al,* 2006). A levedura selenizada tem sido o principal suplemento alimentar de Se e é a fonte mais atractiva de Se-Met devido ao seu baixo custo e à sua capacidade de atuar como precursor da síntese de proteínas contendo Se (Hinojosa *et al,* 2006). As leveduras com Se podem ser consumidas nos alimentos ou como suplemento nutricional.

Segurança da levedura I-8-3-Selénio

A utilização de levedura com Se como aditivo alimentar ou fonte de Se para suplementos é sempre mais segura do que a utilização de selenito de sódio, quanto mais não seja porque a sua baixa concentração de Se protege contra erros de formulação ou dosagem. Por conseguinte, o historial de segurança da levedura com Se é excelente: Durante as três décadas da sua utilização mundial como fonte de Se suplementar, não ocorreram casos de envenenamento por Se devido a erros de dosagem ou de formulação (Schrauzer, 2006).

O Painel dos Aditivos Alimentares conclui que a utilização de levedura enriquecida com selénio, como fonte de selénio, quando utilizada em alimentos para fins nutricionais específicos e em alimentos (incluindo suplementos alimentares) para a população em geral, não apresenta uma preocupação de segurança nos níveis de ingestão propostos (Autoridade Europeia para a Segurança dos Alimentos, 2008).

A dose letal (LD50) da levedura enriquecida com selénio foi de 37,3 mg/kg em comparação com 12,7 mg/kg para o selenito de sódio, indicando que a toxicidade aguda do selénio orgânico sob a forma de levedura é menos tóxica do que o selénio inorgânico sob a forma de selenito de sódio. A dose letal mediana (LD50) de selenometionina em ratos, administrada por injeção intraperitoneal, foi determinada em 4,25 mg Se/kg de peso corporal (PC), sendo assim comparável à do selenito ou selenato (Schrauzer, 2000).

I-8-4-Biodisponibilidade de levedura enriquecida com selénio

A absorção e a retenção de Se da levedura Se, medida em doze voluntários alimentados com[77] levedura SelenoPrecise marcada com Se (Pharmanord, Velje, Dinamarca), situou-se entre 75 e 90% (Sloth *et al,* 2003). As razões para os diferentes resultados entre os dois estudos podem estar relacionadas com a estirpe da levedura e, mais importante, com a diferença entre os processos utilizados para preparar a levedura Se (Rayman, 2004).

Sabe-se que alguns factores alimentares afectam a biodisponibilidade do Se. Diz-se que as proteínas aumentam a sua biodisponibilidade, presumivelmente porque a metionina das proteínas compete com o Se-Met pela incorporação nas proteínas do corpo, tornando assim o Se-Met mais biodisponível para utilização a curto prazo. No corpo humano, a vitamina C parece melhorar a biodisponibilidade do Se proveniente de uma dieta mista. Vitamina A (níveis elevados), vitamina E e antioxidantes como potenciadores da biodisponibilidade do Se dietético em animais. As substâncias que parecem reduzir a sua biodisponibilidade incluem a goma de guar, que reduz a absorção de Se em seres humanos, os metais pesados e o elevado teor de Se na alimentação, que são descritos como inibidores da biodisponibilidade em animais. Uma vez que muitos compostos de Se são absorvidos pelo mesmo mecanismo que os seus análogos de S, a absorção de várias espécies de Se a partir de leveduras com Se pode ser reduzida por uma ingestão elevada de S na alimentação (Rayman, 2004).

I-8-5-Estudos farmacocinéticos em humanos

Kvicala *et al,* (2003) descobriram que as concentrações de selénio no soro de 46 indivíduos de uma região com baixo teor de selénio, suplementados com 50 ou 100 μg Se/dia como uma levedura enriquecida com selénio durante 41 dias, aumentaram de 48 μg Se/l na linha de base para 86 e 115 μg Se/l, respetivamente. No final do estudo, os níveis de selénio ainda estavam a aumentar no soro, embora isto não seja inesperado, tendo em conta o nível inicial relativamente baixo e o período relativamente curto de suplementação.

Num estudo realizado por Reid *et al,* (2004), 8 indivíduos foram randomizados para o 1600 Lig/dav e 16 para o 3200 μg/dia de levedura selenizada. Os níveis médios de selénio plasmático alcançados com a suplementação foram de 492,2 ng/ml (DP=188,3) e 639,7ng/ml (DP=490,7) para as doses de 1600 e 3200 mg/dia, respetivamente. O grupo de 3200 μg/dia relatou mais efeitos colaterais relacionados ao selênio, como hálito de alho, unhas e cabelos quebradiços, dores de estômago e tonturas do que o grupo de 1600 μg/dia. Os resultados de química do sangue e hematologia estavam todos dentro dos limites normais para ambos os grupos de tratamento.

Crianças saudáveis (*n = 30*) entre 14 e 16 anos de idade foram randomizadas em três grupos iguais que receberam 200 μg/d selenito Se ou 200 μg/d Se- levedura ou placebo por 12 semanas. O sangue foi coletado na linha de base, 4, 8 e 12 semanas e 4 semanas após a suplementação. A concentração plasmática de Se (média ± DP) foi de 0,16 ± 0,03 μmol/l na linha de base. A suplementação com selenito e Se-yeast aumentou o Se plasmático para valores de platô, 1,0 ± 0,2 e 1,3 ± 0,2 μmol/l, respetivamente. Nos glóbulos vermelhos, o Se-yeast aumentou o nível de selénio seis vezes e o selenito três vezes em comparação com o placebo. A biodisponibilidade relativa de Se-yeast versus selenito medida como atividade da glutationa peroxidase (GSH-pxe) foi semelhante no plasma, glóbulos vermelhos e plaquetas. A atividade da GSH-pxe atingiu níveis máximos no plasma e nas plaquetas (300% e 200%, respetivamente). Este estudo mostra que, apesar de ambas as formas de Se serem igualmente eficazes no aumento da atividade da GSH-pxe, a levedura Se forneceu uma reserva corporal de Se mais duradoura. A levedura de Se pode ser uma melhor alternativa ao selenito na profilaxia da doença de keshan no que respeita à acumulação de reservas corporais (Alfthan *et al,* 2000).

Capítulo II: MATERIAIS

II-I-Materiais

O extrato de levedura e a peptona foram obtidos da Formedium Co. (Reino Unido). O selenito de sódio foi fornecido pela Aldrich Co. (Alemanha). O melaço de beterraba foi obtido da fábrica de açúcar, (Síria). Outros produtos químicos líquidos e em pó foram vendidos pela Adwic Co. (Alemanha). Os kits utilizados foram obtidos da Biodiagnostic Co. (Egito).

II-2-Amostras (levedura seca ativa)

Sete produtos industriais de leveduras secas activas de panificação foram obtidos em diferentes mercados locais do Cairo, Egito, e foram diretamente transferidos para o laboratório para análise.

II-3-Espécie microbiana utilizada

As estirpes microbianas patogénicas e dois isolados de levedura utilizados neste estudo foram obtidos no Department of Agricultural Microbiology, Faculty of Agriculture, Ain Shams University, Cairo, Egito, como se mostra no quadro seguinte:

Microorganismos	**Estirpes**
Bactérias	*Bacillus cereus*
	E. coli
	Pseudomonas Iacrymans
Fungos	*Fusarium oxysporum*
	Aspergillus niger
	Rhizopus nigricans
Levedura	*Pichia anomala*
	Saccharomyces cerevisiae

II-4-Media

Durante o inquérito, foram utilizados os seguintes suportes:

***II-4-1-Extrato de levedura peptona dextrose (YPD)-médio* (Seki *et al,* 1985)**

Foi utilizado para preparar um inóculo padrão de estirpes de levedura de panificação.

A sua composição é a seguinte:

- Extrato de levedura10 g
- Glucose20 g
- Peptona20 g

- Água destilada até 1000 ml
- pH4 ,5

II-4-2-Meio basal (Lodder, 1970):

Foi utilizado para estudar o efeito do furfural e do selénio no crescimento da estirpe de levedura de panificação.

A sua composição é a seguinte:

- Extrato de levedura0 ,5 g
- Glucose20 g
- Sulfato de amónio5 ,0 g
- Sulfato de magnésio1 ,0 g
- Di-hidrogenofosfato de potássio2 ,0 g
- Água destilada até 1000 ml
- pH4 ,5

II-4-3-Meio hiperosmótico (Hirasawa *et al,* 2001):

Foi utilizado para estudar o efeito do potencial osmótico na concentração de glutatião reduzido e glicerol da estirpe de levedura de panificação. A sua composição é a seguinte:

- Extrato de levedura0 ,5 g
- Peptona0 ,5 g
- Água destilada até 1000 ml
- pH5 .2

O meio foi suplementado com diferentes concentrações de glucose de 10 a 30 %.

Meio de ágar de toxina II-4-4-Killer (Chen *et al,* 2000)*:*

Foi utilizado para detetar estirpes de leveduras micocinogénicas contra outros isolados de leveduras utilizando reacções cruzadas entre elas. A sua composição é a seguinte:

- Extrato de levedura10 g
- Peptona10g
- Glucose20g
- Azul de metileno30mg
- Ágar20g
- Tampão citrato-fosfato (1,0 M, pH 4,5) 110 ml

- Água destilada até 1000 ml

Meio de caldo II-4-5-YEPD (Chen *et al*, 2000)

Foi utilizado para a produção de toxina assassina.

A sua composição é a seguinte:

- Extrato de levedura10 g
- Dextrose20 g
- Peptona20 g
- Tampão de fosfato cítrico (0,1 M) 1000 ml
- pH4 ,5

Meio de ágar II-4-6-YEPD -MB (Soares e Sato, 1999)

Foi utilizado para detetar a atividade de toxina assassina de estirpes de leveduras micocinénicas contra outras estirpes de leveduras utilizando o método de difusão em ágar. A sua composição é a seguinte

- Dextrose20g
- Peptona20g
- Azul de metileno30mg
- Ágar20 g
- Tampão de fosfato cítrico (0,1 M) 1000 ml
- pH4 ,5

O tampão citrato-fosfato (0,1 M , pH = 4,5) foi preparado adicionando 27,8 ml de ácido cítrico 0,1 M a 22,2 ml de hidrogenofosfato de potássio 0,3 M, diluindo-se depois para 100 ml.

II-4-7-Meio de ágar nutriente (Difco Manual, 1977)

Foi utilizado para a propagação, preservação e deteção da sensibilidade a toxinas assassinas de algumas estirpes bacterianas. A sua composição é a seguinte

- Extrato de carne de bovino3 .0g
- Peptona5 . 0g
- Tampão citrato-fosfato 0,1 M 1000 ml
- Ágar20g
- pH4 ,5

Meio de ágar de extrato de malte II-4-8 (Lodder e Kreger-vanrij, 1967)

Foi utilizado para a propagação, preservação e deteção da sensibilidade a toxinas assassinas de algumas estirpes bacterianas. A sua composição é a seguinte

- Extrato de malte30 g
- Ágar20 g
- Tampão citrato-fosfato 0,1 M pH (4,5)
- Água destilada até 1000 ml

II-4-9-Identificação dos meios de comunicação

II-4-9-1-Meio de fermentação (Barentt e Sims, 1982)

Foi utilizado como teste de fermentação de diferentes açúcares para identificação de isolados de leveduras. A sua composição é a seguinte

- Extrato de levedura5 ,0 g
- Açúcar testado50mmole
- Água da torneira1000 ml
- pH5 .2

II-4-9-2-Meio de assimilação de nitratos (Lodder, 1970)

Foi utilizado para estudar a fermentação de diferentes açúcares por isolados de leveduras para assimilação de nitratos como única fonte de azoto. A sua composição é a seguinte:

- Glucose20 g
- Nitrato de potássio0 , 78g
- Fosfato monobásico de potássio0 ,5 g
- Sulfato de magnésio -7H_2 O1,0 g
- Água destilada até 1000 ml
- pH4 ,5

II-4-9-3-Meio de esporulação (Lodder e Kreger-vanrij, 1967)

Este meio foi utilizado para a preparação de células de levedura bem nutridas. As células de levedura com três dias de idade, cultivadas neste meio, foram transferidas para o meio de esporulação. A sua composição é a seguinte

- Glucose20 g
- Peptona5 .0g

- Extrato de levedura5 . 0g
- Extrato de carne de bovino3 .0g
- Ágar20 g
- Água da torneira até 1000 ml
- pH6 .0

Meio de ágar II-4-9-4-Acetato (McClary *et al*, 1959)

Este meio foi utilizado para detetar a capacidade das células de levedura para formar ascósporos. Tem a seguinte composição:

- Acetato de sódio9 ,8 g
- Glucose1 ,0 g
- Cloreto de sódio1 ,2 g
- Sulfato de magnésio-7H2 O0,7 g
- Extrato de levedura2,5 g
- Água da torneira até 1000 ml
- pH5 .0

II-5-Esterilização

Todos os meios foram autoclavados a 121°C durante 20 minutos.

II-6-Experimentos

II-6-1-Isolamento e identificação de estirpes

As estirpes de levedura foram isoladas a partir de pacotes de levedura de panificação comercial utilizando o método da placa de sementeira em placas de ágar YPD e cultivadas a 30 °C durante 24-48 h. As colónias de levedura desenvolvidas foram então colhidas e examinadas microscopicamente em preparação húmida e por coloração de Gram para verificar a sua pureza. As culturas foram mantidas a 4 °C e subcultivadas mensalmente em placas de ágar YPD ou de meio basal. As propriedades morfológicas e fisiológicas das estirpes de leveduras isoladas foram examinadas de acordo com Vaughan-Martini & Martini (1998). As caraterísticas estudadas foram as caraterísticas da cultura (morfologia da colónia), forma da célula, reprodução vegetativa, fermentação de hidratos de carbono por cromatografia líquida fina (TLC) de acordo com yoon *et al,* (2003), assimilação de nitritos e nitratos e crescimento a 30 e 37 °C.

II-6-2- Inóculo padrão

O inóculo padrão para as experiências de agitação em frascos foi preparado através da inoculação de frascos cónicos (250 ml de volume) contendo 100 ml de meio YPD com uma ansa da levedura testada e agitado num agitador orbital (150 rpm) a 30°C durante 24 h. O conteúdo destes frascos foi utilizado como inóculo padrão (1 ml contendo 1×10^{10} - 1×10^{1} 2 CFU ml^{-1}).

Enquanto que o inóculo inicial das experiências de fermentação foi preparado inoculando um frasco cónico com 100 ml de meio basal contendo 50 g/l de melaço como única fonte de carbono com 1 ml de inóculo padrão e incubado a 30°C no agitador orbital durante 24 h. A suspensão de crescimento foi utilizada como um iniciador para inocular o melaço utilizado nas experiências de fermentação.

II-6-3-Comparações entre diferentes estirpes de leveduras

A comparação entre as estirpes de levedura de panificação foi efectuada de acordo com a viabilidade (Grula *et al,* 1985), a produção de CO_2 (Peres *et al,* 2005) e a cinética de crescimento para selecionar a estirpe mais ativa.

II-6-4-Clarificação dos melaços

O melaço foi clarificado primeiro. Foi diluído com água destilada (1:1) e a solução foi ajustada para pH 3,0 com ácido sulfúrico. O líquido foi deixado em repouso durante 24 h e depois centrifugado a 5000 rpm durante 10 min. O pH do sobrenadante foi ajustado para 4,5 com NaOH 10 N, e esta solução final foi utilizada como solução de melaço (Roukas, 1998).

A concentração de metais iónicos, açúcar total e composto de aldeído foram medidos antes e depois dos processos de clarificação.

Produção da toxina II-6-5-Killer

Esta experiência foi concebida para detetar a capacidade de uma estirpe de levedura selecionada para produzir toxinas killer que inibem o crescimento de algumas estirpes bacterianas ou fúngicas e de outras estirpes de levedura, utilizando o método de difusão em ágar ou o método de reacções cruzadas, respetivamente.

-Método de difusão de ágar:

Neste método, o meio de ágar nutriente foi vertido numa placa de Petri e inoculado com 150 µl de suspensão de isolados bacterianos (o inóculo padrão de leveduras sensíveis, bactérias e estirpes fúngicas foi preparado adicionando 10 ml de solução estéril de PPS [Consiste em (g/l): Peptona, 1 g; cloreto de sódio, 8,5 g (Nout *et al,* 1997)] a cada cultura em suspensão e agitada durante 15 minutos. A suspensão de cada cultura foi recolhida e utilizada como inóculo padrão (10 -10^{78} cell ml^{-1} para as células de leveduras e bactérias, enquanto 10 -10^{46} spores ml^{-1} para as células de fungos). Em seguida, os inoculados foram distribuídos por uma vareta de vidro esterilizada (forma de L) na superfície do meio. As placas foram refrigeradas a 10°C durante 1-2 h para secar a superfície do meio inoculado. Estas placas foram inoculadas com o disco de ágar da estirpe de levedura testada; em seguida, foram incubadas durante 24-48 h a 30°C para as estirpes de bactérias e 3-5 dias para as estirpes de fungos. O diâmetro da zona de inibição (área da zona clara) foi utilizado como uma indicação de eficácia (Soare e Sato, 1999).

-Os discos de ágar da estirpe de levedura testada foram preparados da seguinte forma:

A estirpe de levedura testada foi inoculada num frasco Erlenmeyer contendo 100 ml de meio YEPD e incubada a 28°C durante 24 h com agitação a 150 rpm/min. 1 ml desta cultura foi misturado numa placa de Petri com meio de ágar YEPD macio e quente, tamponado a pH 4,5 (0,1 M de ácido cítrico-K HPO_{24}). Após a solidificação do ágar, foi feito um disco de ágar de levedura e os discos foram colocados no centro das placas de ágar nutriente.

-Método de interação cruzada

Para o ensaio do método de interação cruzada, a estirpe de levedura de teste foi semeada em placas que foram semeadas com estirpes de fungos e outras estirpes de levedura.

II-6-6-Experiências com balão de agitação

Nas experiências com frascos agitados, a propagação foi efectuada em frascos Erlenmeyer (250 ml de volume) contendo 100 ml de meio basal. Estes frascos foram inoculados com 1 ml de inóculo padrão e agitados num agitador rotativo a 150 rpm/min (incubadora com agitador Lab line) durante 24-48h a 30°C. Foram colhidas periodicamente amostras (5 ml) da cultura em crescimento, em condições asssépticas, para determinar o crescimento da levedura e os parâmetros de crescimento. Foram utilizados frascos em duplicado para o pré-tratamento e foi obtida a resposta média.

II-6-6-1-Efeito do furfural no comportamento de crescimento

Esta experiência foi concebida para estudar o efeito de diferentes concentrações de furfural líquido esterilizado (por filtração através de uma película microporosa de 0,22-µm de acordo com Peng *et al,* (2007) variando de 0,1 a 1,5 mg/ml no crescimento da estirpe de levedura selecionada. A propagação foi efectuada como mencionado anteriormente. O meio basal isento de furfural foi utilizado como controlo.

Foram retiradas amostras (5 ml) da cultura em crescimento periodicamente sob condições asssépticas para determinar a densidade ótica do crescimento da levedura e diferentes parâmetros do crescimento da levedura. As amostras foram centrifugadas a 5000 rpm durante 10 min e o açúcar total foi determinado no sobrenadante e o sedimento foi lavado duas vezes com água destilada, tendo-se depois determinado a atividade da maltase e o poder de gaseificação das células de levedura.

II-6-6-2-Capacidade antioxidante

Esta experiência foi realizada para estudar o efeito das fontes de carbono e do furfural no nível da capacidade antioxidante total das células de levedura. A propagação foi efectuada como mencionado anteriormente.

- Efeito das fontes de carbono:

Esta experiência foi concebida para estudar o efeito de diferentes fontes de carbono na capacidade antioxidante total das células de levedura. Por conseguinte, foram efectuados ensaios para substituir a glucose no meio basal por quatro fontes de carbono em quantidades iguais às presentes no meio original, a fim de evitar o erro que pode resultar das diferenças na concentração de carbono em cada fonte. As fontes de carbono aplicadas foram a sacarose, o glicerol, o melaço e o etanol. Foi utilizado o procedimento anterior de propagação. No final do tempo de fermentação (24 h), foram determinados o peso seco das células e a capacidade antioxidante total.

- *Efeito do furfural:*

O efeito de diferentes concentrações de furfural, variando de 0,1 a 1,0 mg /ml de meio, na capacidade antioxidante total das células de levedura foi estudado utilizando os procedimentos de previsão.

II-6-6-3-Produção de levedura de selénio

Esta experiência foi concebida para produzir células de levedura enriquecidas com selénio. Foram realizados dois métodos para evitar a inibição do crescimento da levedura e a redução do poder de gaseificação que pode resultar de uma concentração elevada de selénio, e também para produzir uma concentração elevada de células de levedura enriquecidas com a concentração desejável de selénio. Os primeiros métodos, diferentes quantidades de selenito de sódio esterilizado (100 mg Se/ml) foram adicionados a frascos Erlenmeyer contendo 100 ml de meio basal no tempo zero (após a inoculação) para dar 0,5, 1,0, 2,0, 5,0 e 10 µg Se/ml de meio. Foram utilizados os procedimentos anteriores de propagação. No final do tempo de fermentação (24 h), as células de levedura foram separadas do meio basal por centrifugação e lavadas três vezes com água desionizada para a remoção do selénio adsorvido na superfície celular e depois secas a 80°C até um peso constante. O peso seco, o poder de gaseificação e o teor de selénio orgânico foram medidos.

O segundo método, o selenito de sódio esterilizado ($Na_2 SeO_3$) foi adicionado após 24 h de cultivo da levedura em meio basal e, em seguida, foram colhidas amostras após mais 2 h (26 h de cultivo) ou 4 h (28 h de cultivo). Estas amostras foram centrifugadas a 5000 rpm durante 10 min para determinar o peso seco das células, o poder de gaseificação e o teor de selénio orgânico.

Experiências em biorreactores II-7

A propagação da estirpe de levedura em frasco agitador não proporciona condições constantes, pelo que se utilizou o bioreactor (fermentador) porque o pH, o oxigénio dissolvido, a temperatura e a alimentação são facilmente controlados durante o processo de fermentação.

No presente trabalho foi utilizado um bioreactor de fundo plano de 3 L. O fermentador era constituído por um recipiente de 3 litros equipado com um agitador de vedação labial, um controlador automático de pH, um controlador automático de oxigénio dissolvido, um controlador automático de temperatura, uma bomba peristáltica multicanal e todos os acessórios para a cultura de métodos. A estirpe selecionada de levedura de padeiro foi cultivada no biorreactor em culturas descontínuas e em culturas em regime de "Fed-batch". O meio de produção utilizado foi o meio basal modificado (contendo melaço em vez de glucose).

II-7-1-Bioreactor como cultura descontínua

Nesta experiência, o recipiente de fermentação contendo o meio basal modificado (melaço como fonte de carbono) foi autoclavado a 121°C durante 20 min. O bioreactor foi inoculado com células de levedura lavadas colhidas da estirpe de levedura selecionada (3,3 g), preparadas conforme descrito anteriormente. O volume de trabalho final foi de 2 L, a temperatura, o arejamento, o pH e a velocidade de agitação foram fixados em 30 °C, 80 % de saturação de O_2 , 4,5 e 500 rpm, respetivamente. Durante a fermentação, foram retiradas periodicamente amostras (10-20 ml) da cultura (recipiente de fermentação). O peso seco das células foi determinado como mencionado anteriormente. Foram calculados o peso seco, o fator de rendimento, a eficiência de utilização do açúcar e a produtividade.

II-7-2-Efeito do potencial hiperosmótico

Nesta experiência, as células de levedura produzidas a partir de um fermentador como uma cultura de lote foram expostas a um potencial hiperosmótico para estudar os seus efeitos na substância antioxidante (glutatião reduzido) das células de levedura. As células de levedura foram suspensas em meio hiperosmótico contendo 10, 20 e 30 % de glucose para dar uma densidade ótica de 10 a 620 nm e mantidas a 25 °C. As amostras foram colhidas após diferentes tempos e centrifugadas a 5000 rpm durante 10 min para determinar o peso seco das células, o poder de gaseificação, o teor de glutatião (GSH) e de glicerol nas células.

II-7-3-Crescimento de uma estirpe de levedura selecionada em diferentes concentrações de cloreto de sódio

Foram utilizadas diferentes concentrações de cloreto de sódio de 1 a 5 % para estudar o efeito do NaCl no crescimento da estirpe selecionada em meio basal contendo melaço como fonte de carbono. Foi utilizado o procedimento anterior de propagação. Após 24 h, as células foram colhidas por centrifugação a 5000 rpm durante 10 min e depois lavadas duas vezes com água da torneira e centrifugadas novamente. Foram determinados o peso seco das células, o poder de gaseificação, o teor de glicerol e a concentração de glutatião reduzido.

II-7-4-Produção de levedura de selénio

A produção de levedura de selénio em biorreactor como uma cultura de lote foi realizada utilizando o método ideal de adição de selénio e concentração que foi determinada em experiências de frascos agitados como descrito na secção (II-6-6-3).

II-7-5-Bioreactor como cultura em regime de lote alimentado

Foi utilizado um bioreactor com uma capacidade de 3 L ao longo desta investigação, tal como descrito anteriormente. Nesta estratégia de alimentação, o melaço (4,6 % de açúcar) foi alimentado de acordo com a taxa de crescimento por hora (HGR) obtida num estudo anterior. O volume inicial foi de 1000 ml de meio basal sem fonte de carbono e inoculado com 5,5 g de peso seco de células da estirpe selecionada. Assim, a taxa de adição foi alterada a cada 1 h de incubação. As taxas de alimentação aplicadas foram 2,42, 2,69, 2,91, 3,22, 3,52, 3,92 e 4,27 g h^{-1-1} durante as primeiras 7 h de incubação, respetivamente. A temperatura foi mantida a 30 ±1 °C durante o cultivo. O pH inicial foi ajustado para 4,5 ±0,1 e controlado durante o período de fermentação com soluções de HCl 2 N ou NaOH 2 N durante a fermentação. O oxigénio dissolvido foi mantido a 80 % da saturação do ar por aspersão de ar esterilizado (por filtração) através do sistema para criar uma condição de ambiente aeróbico para o crescimento da levedura. Foram colhidas amostras (10 ml) da cultura em crescimento de hora a hora, em condições asépticas, para determinar o peso seco das células.

No final do período de fermentação, foi determinado o teor de proteínas totais, aminoácidos, ácidos gordos, lípidos totais, ARN, ADN e alguns elementos (fósforo, cálcio, magnésio, sódio e potássio) na biomassa de levedura.

II-7-6-Floculação de células de levedura

O objetivo desta etapa é estudar o efeito da concentração de iões de cálcio, das células de levedura e da agitação no processo de floculação, como se segue:

- Concentração de cálcio:

40 ml de cultura de levedura produzida a partir de experiências em bioreactores (contendo 6,8 g/l de levedura seca) foram colocados em frascos Erlenmeyer de 100 ml. Foram adicionadas diferentes quantidades de solução de $CaCl_2$ aos frascos para ajustar a concentração de Ca^{2+} para 2, 4, 8, 20 e 50 mM de Ca^{2+}. No controlo, foi adicionado um volume igual de água desionizada ao volume da solução de $CaCl_2$. Estes frascos foram agitados (18 inversões dos frascos) para promover a floculação e, em seguida, a suspensão foi deixada durante 2 h à temperatura ambiente, tendo sido calculada a percentagem de células sedimentadas.

- Concentração de células:

A concentração eficaz elevada de ião cálcio foi adicionada a frascos Erlenmeyer de 40 ml de cultura de levedura contendo diferentes concentrações de peso seco de células, variando de 1,0 a 8,5 g/l. Foi efectuado o mesmo procedimento anterior para determinar as células sedimentadas.

- Agitação:

O efeito da velocidade de agitação a 150 rpm/min durante 1 h na eficiência do processo de floculação foi realizado utilizando a concentração óptima de iões de cálcio e células de levedura. Após 1 h, os frascos foram mantidos constantes (a agitação foi interrompida) e as amostras foram recolhidas de 30 em 30 minutos.

As amostras (0,2 ml), logo abaixo do menisco, foram colhidas e centrifugadas a 5000 rpm durante 10 minutos e, em seguida, as células foram lavadas duas vezes com água destilada e recentrifugadas. As células de levedura foram dispersas numa solução de EDTA 100 mM. As concentrações de células livres foram determinadas espectrofotometricamente a 620 nm. A percentagem (%) de células sedimentadas foi calculada pela seguinte equação:

Células sedimentadas (%) = 100 - $C_t / C_i \times 100$

Onde c_i, é a concentração celular inicial (g/l) e C_t, é a concentração celular (g/l) na suspensão após o tempo t (Mortier e Soares, 2007).

II-8-Animal . alimentação por Se-yeast

Esta experiência teve como objetivo estudar a alimentação de ratos com a mesma quantidade de levedura contendo diferentes concentrações de selénio (100, 200, 300 e 400 µg Se) que foi preparada no nosso laboratório de acordo com o método descrito na secção (II-7-4).

II-8-1-Desenho experimental

Um total de quarenta e dois ratos Sprangue-Dawley pesando (123 ± 2 g) foram obtidos no biotério. Todos os ratos foram alojados em aço inoxidável e alimentados com dieta basal e água da torneira durante uma semana como adaptação. Os ratos foram mantidos em condições laboratoriais normais e saudáveis e a temperatura foi ajustada a 25 ± 2 °C. Os ratos foram divididos em seis grupos (n= 7). Todos os grupos receberam a mesma dieta basal. Para criar diferentes condições oxidativas nos ratos, foram estudadas quatro concentrações de Se (como levedura de selénio após tratamento com calor), nomeadamente 0,9 µg∩00g /dia (G3), 1,8 µg^00g /dia (G4), 3,2 µg^00g /dia (G5) e 3,6 µg∩00g /dia (G6). G2 suplementado com levedura seca (selénio livre), enquanto G1 alimentado com dieta basal como grupo de controlo. Os grupos G2, G3, G4, G5 e G6 receberam o mesmo peso de levedura, onde a levedura de selénio foi adicionada a cada grupo na concentração desejável de selénio e a levedura sem selénio foi então adicionada para atingir um peso constante de levedura em todos os grupos. A tabela seguinte mostra as doses de selénio administradas a ratos nos grupos G3, G4, G5 e G6, que foram convertidas a partir da dose de selénio administrada a humanos de acordo com (Paget e Barnes, 1964). Os animais foram tratados oralmente com a levedura de selénio em dias alternados durante 6 semanas. As doses de Se foram calculadas de acordo com o peso corporal (PC) dos animais antes do tratamento.

A dose de selénio administrada a ratos nos grupos G3, G4, G5 e G6 foi convertida da dose de selénio administrada a humanos de acordo com (Paget e Barnes. 1964).

Dose no ser humano (µg Se/70 kg/dia)	**Dose em ratos (µg Se/100 g/dia)**
100	0.9
200	1.8
300	3.2
400	3.6

A composição da dieta basal utilizada é apresentada no quadro seguinte, de acordo com Sun *et. al,* 2005:

Componente	**Quantidade g/kg**
Leite desnatado (50% de caseína)	400
Amido de milho	603
Óleo vegetal	80
Sacarose	50
Mistura de vitaminas. 1)	10
Mistura de minerais. 2)	40

1) Vitaminas por kg de dieta: 4000 UI de retinol *totalmente trans*; 1000 UI de colecalciferol; 150 mg *de all-rac-a-tocoferol*; 1,47 mg de bissulfito de menadiona e sódio; 5 mg de tiamina HCl; 7,20 mg de riboflavina; 6,00 mg de piridoxina.HCl; 15 mg de pantotenato de cálcio; 30 mg de ácido nicotínico; 1,38 g de cloreto de colina; 0,2 mg de ácido fólico; 0,2 mg de D-biotina; 25 mg de cianocobalamina; sacarose a 20 g (Stangl e Kirchgessner, 1998).

2) Minerais por kg de dieta: KH_2PO_4, 38,9g; NaCl, 13,9g; $MnSO_4.1H_2O$, 400,0mg; $CaCO_3$, 38,14g; ZnSO4.$7H_2O$, 50,48mg; $CuSO_4.5H_2O$, 40,77mg; KI, 70,9mg; $MgSO_4$, 5,7g; $FeSO_47H_2O$, 2,7g; $CoCl_2$, $6H_2O$ 2,3mg (A.O.A.C. 2002).

II-8-2-Amostras de sangue

Após o período de alimentação (6 semanas), todos os ratos foram submetidos a jejum durante a noite e depois sacrificados. No final da experiência, foram recolhidas amostras de sangue dos plexos oculares através de tubos de vidro capilares finos. A amostra foi recolhida em ambos os tubos heparinizados para obter o plasma e num tubo de vidro de centrifugação limpo e seco, sem qualquer coagulante, para preparar o soro. O sangue foi deixado durante 15 minutos à temperatura ambiente, depois os tubos foram centrifugados durante 10 minutos a 1500 rpm e o soro sobrenadante limpo foi mantido congelado a -20°C até à altura da análise para determinar as proteínas séricas, a albumina, a fosfatase alcalina (ALK), a transaminase glutâmico-pirúvica (ALT), a transaminase glutâmico-oxaloacética (AST), a creatinina (CK) e a glicose utilizando o kit de reagentes (Biodiagnstic Co., Egito), seguindo o protocolo recomendado pelo fabricante. A concentração de selénio sérico foi medida por plasma acoplado por indução (ICP) no laboratório central do Centro Nacional de Investigação, Cairo, Egito.

Atividade da II-8-3-Glutatião peroxidase nos eritrócitos

O sangue foi colhido em tubos heparinizados. Os tubos foram centrifugados durante 10 minutos a 1500 rpm para obter os glóbulos vermelhos e o plasma foi retirado. Os glóbulos vermelhos foram lavados com 10 volumes de solução salina fria. Os pellets de glóbulos vermelhos são lisados adicionando 4 volumes de água desionizada fria ao volume estimado do pellet. O estroma dos glóbulos vermelhos foi removido por centrifugação. A atividade da glutationa peroxidase foi medida utilizando um kit de reagentes (Biodiagnstic Co., Egito), seguindo o protocolo recomendado pelo fabricante.

II-8-4-Histopatologia

Os exames histológicos dos tecidos de ratos foram efectuados nos laboratórios da Faculdade de Medicina Veterinária da Universidade do Cairo, do seguinte modo

No momento do sacrifício, foram guardadas secções (1 cm^3) do coração e do fígado dos ratos, que foram fixadas em solução de formalina a 10% para exame por microscopia ótica, a fim de detetar indícios de toxicidade pelo selénio. Os tecidos foram incluídos em parafina, seccionados a 5µm e corados com hematoxilina e eosina, e examinados ao microscópio.

II-9-Métodos de determinação

II-9-1-Viabilidade

A viabilidade das preparações de levedura de panificação foi efectuada (de acordo com Grula *et al,* 1985) utilizando técnicas de redução do azul de metileno da seguinte forma:

Colocou-se uma gota de corante azul de metileno (constituído por 0,39 g de azul de metileno, 30 ml de etanol a 95% e 100 ml de KOH aquoso 0,01 M) numa lâmina de microscópio e adicionou-se 50 µl de preparação de levedura (0,5 g de levedura seca suspensa em 100 ml de água destilada) para a tornar ligeiramente turva. A mistura foi deixada em repouso durante cerca de 3 minutos e, em seguida, as células coradas (azuis) e não coradas (incolores) de cada estirpe foram contadas em 5 campos microscópicos separados. A percentagem de células viáveis foi comparada com a de outras estirpes.

A redução da cor do corante azul de metileno pelas células de levedura foi estudada através do seguinte procedimento de teste: 0,5 g de levedura seca ressuspendida em 100 ml de água destilada e vertida num cilindro graduado de 100 ml, o cilindro foi tapado e agitado durante 10 segundos. Após 30 segundos, adicionaram-se 2 gotas de solução de azul de metileno com 2 % p/v de azul de metileno, tapou-se a proveta e agitou-se durante 10 segundos. Registou-se o tempo necessário para a descoloração completa.

II-9-2-Determinação da evolução do CO_2 a partir da massa de pão

Esta experiência foi realizada para determinar o CO_2 produzido a partir de células de levedura na massa de pão. A preparação da massa de pão foi a seguinte: 30 g de farinha, 10 ml de água e 0,1 g de levedura seca foram bem misturados com as mãos. O processo completo durou cerca de 5 minutos. A massa de pão foi rapidamente transferida para um tubo graduado, que foi cuidadosamente fechado com uma rolha de borracha. Um tubo de vidro passou através da rolha de borracha para permitir a saída do gás (CO_2) formado durante a fermentação, tal como descrito no diagrama seguinte.

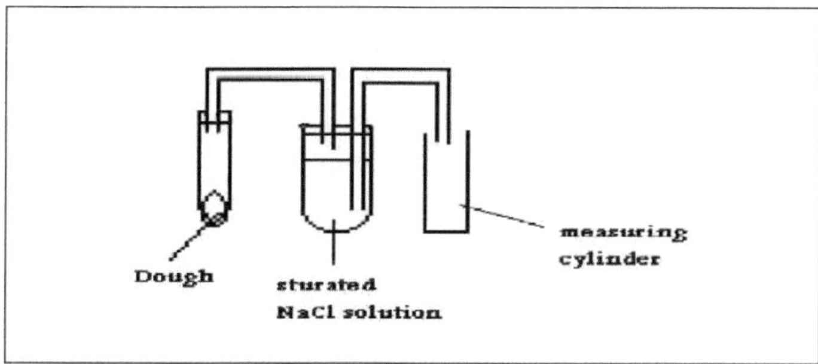

Aparelho de medição da produção de gás concebido por Burrows e Harrison (1969).

O gás formado forçou a passagem de um líquido de um balão de 100 ml (cheio de uma solução saturada de NaCl) para uma proveta graduada de 50 ml. As variações do volume da solução salina no interior da proveta graduada (proporcional ao volume de CO_2 evoluído da massa) foram medidas e a atividade fermentativa foi expressa em mililitros de solução salina transferida para a proveta após 3h (Peres *et al,* 2005). A mesma experiência foi efectuada com 0,1 g de células de levedura após quatro subculturas de cada estirpe de levedura.

Atividade da II-9-3-Maltase

O poder de fermentação da levedura foi medido pela sua capacidade de fermentar a maltose através da deteção da produção de gás. A atividade da maltase foi medida como o tempo necessário para produzir 10 ml de dióxido de carbono por 0,5 g de peso seco da estirpe selecionada a 30 °C a partir de 10 ml de solução de maltose 100 g/l, (Zvereva *et al,* 1982).

II-9-4-Medida da capacidade antioxidante total

O sedimento celular foi sonicado em gelo em 1-2 ml de tampão frio (fosfato de potássio 5 mM, pH (7,4) com cloreto de sódio a 0,9% e glucose a 0,1%). A solução foi centrifugada durante 15 minutos a 10000 g a 4°C. A capacidade antioxidante total foi testada no sobrenadante utilizando o kit enzimático fornecido pela Bio-diagnostic Co. (Egito). A determinação da capacidade antioxidante é realizada através da reação dos antioxidantes presentes na amostra com uma quantidade definida de peróxido de hidrogénio fornecido exogenamente (H O_{22}). Os antioxidantes presentes na amostra eliminam uma determinada quantidade do peróxido de hidrogénio fornecido. O H residual O_{22} é determinado colorimetricamente por uma reação enzimática que envolve a conversão do benzensulfonato de 3,5,dicloro -2-hidroxilo num produto colorido. A absorvância foi monitorizada a 510 nm e a concentração de antioxidante total foi expressa em μ mol g^{-1} células (peso seco).

Ensaio de glutatião reduzido II-9-5

As células de levedura foram obtidas a partir do bioreactor como uma cultura em lote, centrifugando o caldo de cultura a 5000 rpm/min durante 10 min. Depois de as células terem sido lavadas com água destilada, a GSH foi extraída das células de levedura húmidas utilizando o método de extração com água quente. Para a extração com água quente, as condições foram mantidas a 95 °C durante 15 minutos. Os sobrenadantes obtidos após a remoção das células por centrifugação a 5000 rpm/min durante 10 min foram testados quanto ao teor de glutatião (GSH) (Xiong *et al,* 2008).

A GSH intracelular foi extraída das células, tendo a sua concentração sido determinada de acordo com o método descrito por Beutler *et al* (1963). A mistura de reação contendo 0,5 ml de sobrenadante, 1,0 ml de tampão fosfato 100 mM (pH 8) e 0,1 ml de ácido 5,5'-ditiobis-2-nitrobenzóico (DNTB) foi incubada durante 5-10 min. A absorvância da amostra foi medida a 405 nm, e a concentração de glutatião (GSH) foi expressa em mg g^{-1} células (peso seco).

Ensaio de II-9-6-Glicerol

1,0 ml de suspensão de células num tubo de ensaio foi desproteinizado por aquecimento do tubo durante 5 minutos num banho de água a ferver. Os sobrenadantes (centrifugação durante 3 min a 5000 g) foram testados utilizando o kit enzimático fornecido pela Bio-diagnostic Co. (Egito) da seguinte forma: 0,02 ml de sobrenadante mais 1,0 ml de cocktail de reagentes corantes contendo glicerol quinase, glicerol fosfato oxidase e peroxidase. A absorvância foi monitorizada a 510 nm e a quantidade de glicerol foi expressa em mg g^{-1} células (peso seco).

II-9-7-Composição bioquímica da levedura

A concentração **total de açúcar** foi quantificada como equivalente de glucose pelo método do ácido fenol-sulfúrico: Um mililitro de sobrenadante diluído deixado após a separação da biomassa foi misturado com 1 ml de fenol e, em seguida, 5 ml de ácido sulfúrico foram adicionados à mistura. Em seguida, misturou-se em vórtice durante 5 segundos. Após arrefecimento, a densidade ótica foi medida a 480 nm contra um gráfico padrão de glucose (Lee e Kim, 2001).

O ADN e o ARN foram estimados por ensaios calorimétricos com difenilamina e orcinol, respetivamente (Kochert, 1978).

Os ácidos gordos foram determinados por cromatografia gasosa (GC) no laboratório central do Centro Nacional de Investigação, Cairo, Egito, de acordo com Ackman, (1962). A extração de ácidos gordos da levedura foi realizada de acordo com Folch *et al,* (1957)

A composição de ***aminoácidos*** foi determinada em hidrolisados ácidos utilizando um analisador automático de aminoácidos (LC 3000, Biotronik, Munchen) de acordo com o método descrito pelo laboratório central do Centro Nacional de Investigação, Cairo, Egito. O procedimento analítico foi efectuado de acordo com o descrito por Sujak *et al,* (2006).

O teor de ***carbono, hidrogénio, enxofre e azoto*** das células de levedura foi determinado utilizando um analisador elementar automático CHN-Perkin-Elmer 2400 no laboratório central do Centro Nacional de Investigação, Cairo, Egito.

II-9-8-Composição bioquímica do melaço

A composição elementar do melaço foi determinada utilizando plasma indutivamente acoplado (ICP). O melaço em bruto foi evaporado numa placa quente durante cerca de 1 h até se formar uma mistura homogénea. Cerca de 4 g do melaço seco foram cinzas com 40 ml de HNO concentrado$_3$ num copo colocado num banho de água até que o gás castanho caraterístico deixasse de evoluir. A solução foi diluída para 100 ml com água destilada e as amostras desta diluição foram medidas por plasma indutivamente acoplado (ICP). Foi também preparado um ensaio em branco seguindo os mesmos procedimentos, mas sem a adição de melaço (Mohamed, 1999).

Os compostos de aldeído foram avaliados por raios infravermelhos (IR), utilizando um Jasco FT/IR 460 plus (Japão) no laboratório central do Centro Nacional de Investigação, Cairo, Egito.

Determinação do II-9-9-Selénio

O selénio nas amostras foi determinado por plasma indutivo acoplado (ICP). As amostras foram preparadas para análise da seguinte forma: 0,5 g de amostras foram colocadas num recipiente de digestão de Teflon resistente a ácidos. A digestão da amostra foi efectuada com 3 ml de HNO_3 + 3 ml de H O_{22} e as amostras foram deixadas em repouso durante a noite à temperatura ambiente, sendo depois fervidas a 100° C durante 30 minutos. Após arrefecimento, as amostras foram diluídas até 10 ml com água destilada duas vezes. A solução final foi injectada no ICP para determinar o Se (Suhajda *et al,* 2000).

II-IO-Crescimento e parâmetros de crescimento

II-10-1-Densidade ótica (OD_{620})

A densidade ótica da cultura de levedura foi determinada espectrofotometricamente a 620 nm, utilizando o espetrofotómetro Jenway.

II-10-2- Peso seco da célula

As amostras foram retiradas da cultura em crescimento em condições asépticas. As culturas foram centrifugadas a 5000 rpm durante 10 minutos. O sobrenadante foi removido e o sedimento lavado duas vezes com água destilada, sendo depois seco a 70 C até peso constante (Lee e Kim, 2001).

II-10-3-Taxa de crescimento específica (μ) e taxa de crescimento horária

Foi calculada a partir da fase exponencial de crescimento de acordo com Painter e Marr, (1963). A taxa de crescimento específico (μ) de cada cultura foi calculada a partir da expressão $\mu = (\ln A_t - \ln A_0)ZT$ e taxa de crescimento horária = ln (A ZA_{t0}) onde A_t é o crescimento da levedura no final da fase exponencial, A_0 é o crescimento da levedura no início da fase exponencial.

II-10-4-Tempo de duplicação (Painter e Marr, 1963)

$t_d = \ln 2\ \mu^{-1}$

Onde t_d = tempo de duplicação, μ = taxa de crescimento específico.

II-10-5-Fator de rendimento (Painter e Marr, 1963)

Fator de rendimento (%) = Crescimento (peso seco) × 100 Açúcar consumido

II-10-6-Número de gerações (N)

$N = tZt_d$

Onde: N: número de gerações, t: o período da fase exponencial, t_d : tempo de duplicação (Painter e Marr, 1963).

II-10-7-Produtividade (Painter e Marr, 1963)

Produtividade= Células de peso seco produzidas Z tempo

II-10-8-Eficiência de utilização do açúcar (%) (Herbert et al, 1956)

Eficiência de utilização do açúcar = açúcar consumido (gZl) x 100Z açúcar inicial (gZl).

II-Il-Estatísticas

O coeficiente de correlação, a equação da linha reta da fase exponencial do crescimento e os valores do erro padrão da média (± SE) foram calculados utilizando o Microsoft Office Excel 2003.

Foi efectuada uma análise estatística utilizando o ***teste t*** (Statistical Analysis System, SPSS, versão 15) para encontrar diferenças significativas em vários parâmetros entre os ensaios tratados e os ensaios de controlo. ***A análise de variância de uma via*** (ANOVA) e o teste de Duncan foram utilizados para comparar os níveis da proteína GSH-Px. Foi utilizado um nível de significância de $P < 0,05$.

Capítulo III: Resultados e Discussão

III-I-Identificação de feras

Os resultados das caraterísticas morfológicas, fisiológicas e bioquímicas de todos os isolados de levedura revelaram que todos os isolados de levedura pertenciam ao género *Saccharomyces.* O género *Saccharomyces* foi caracterizado pela formação de células redondas ou ovais, reprodução vegetativa por brotamento multilateral e pseudo-hifas simples, de cor creme branca e superfície lisa após 3 dias em ágar YPD, como se mostra na Fig (1 A). Asci contendo de um a quatro ascósporos globosos a elipsoidais, a esporulação foi observada em ágar acetato após 4-7 dias a 25°C, como mostrado na Fig (1 B).

As caraterísticas fisiológicas e bioquímicas das estirpes foram realizadas utilizando 9 testes para açúcares de fermentação e assimilação de fontes de carbono e azoto. As estirpes fermentaram e assimilaram (glucose, sacarose, galactose, maltose e frutose) como uma única fonte de carbono. Por outro lado, não utiliza lactose, xilose e amido. A rafinose foi parcialmente utilizada. A porção de frutose da rafinose foi hidrolisada pela invertase da levedura para dar melibiose e frutose, a última das quais foi fermentada como se mostra na Fig. 2.

Todos os dados das investigações taxonómicas (morfologia, fisiologia e caraterísticas bioquímicas) dos ioslatos de levedura foram analisados utilizando o programa (CBS). Os resultados representados mostraram todas as caraterísticas de *Saccharomyces cerevisiae*.

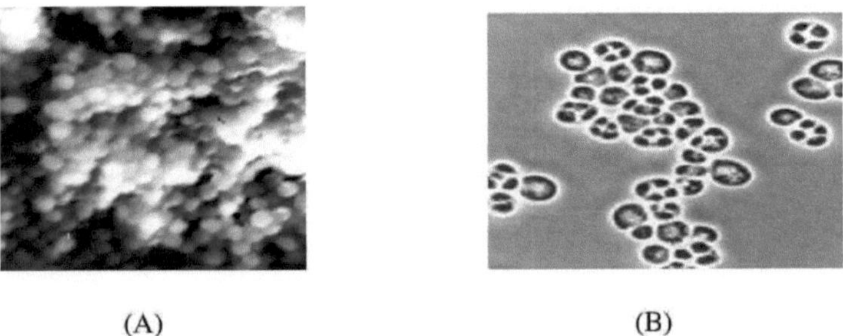

(A) (B)

Fig (1): Forma das células (A) e dos ascósporos (B).

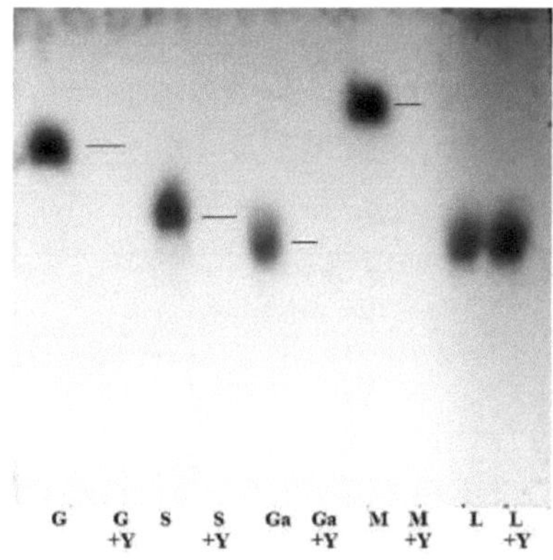

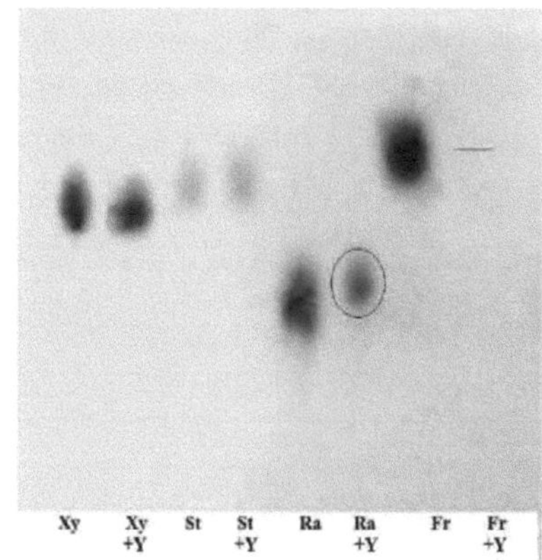

Fig (2): TLC de açúcares tratados durante 24 h com isolados de levedura de panificação comercial a 30 °C. G, glucose; S, sacarose; Ga, galactose; M, maltose; L, lactose; Xy, xilose; St, amido; Ra, rafinose e Fr, frutose. +Y= tratamento com suspensão de levedura de padeiro.

III-2-Projeção, para uma tensão adequada

A viabilidade, o teste de redução do azul de metileno (MBRT) e a capacidade de gaseificação foram determinados para todas as estirpes *de S.cerevisiae*, tal como descrito na secção *(II-6- 1)*. Os resultados apresentados na Tabela (1) e ilustrados pela Fig. (3) mostram que os valores mais elevados de viabilidade (%) e capacidade de poder de gaseificação (cm^3) foram obtidos pela estirpe *S.cerevisiae* SCC, com 99 % e 63 cm^3 , respetivamente, seguida pelas estirpes *S.cerevisiae* SCS e SCT. Os valores correspondentes destas estirpes foram 98,2 % e 55 cm^3 e 96,5 % e 56 cm^3 , respetivamente. Por outro lado, a viabilidade (%) e a capacidade de gaseificação mais baixas foram registadas pela *S.cerevisiae* SCR, com 88,6 % e 9 cm^3 . respetivamente. Os valores mais baixos do teste de redução do azul de metileno (MBRT) foram observados pelas estirpes *de S.cerevisiae* que apresentavam os valores mais elevados de viabilidade e capacidade de gaseificação (estirpes SCC, SCS e SCT), com 13, 15 e 17 minutos, respetivamente.

Para estudar o comportamento de crescimento das estirpes *de S.cerevisiae* e determinar os tempos de geração e a taxa de crescimento específica, estes isolados foram cultivados em meio de ágar basal e incubados a 30°C durante 48 h, sendo este passo repetido 4 vezes para todos os isolados. As densidades de crescimento e as taxas de crescimento dos isolados cultivados em meio basal durante 48 h de incubação foram apresentadas no Quadro (2) e ilustradas na Figura (4). Os resultados da Tabela (2) mostram claramente que todas as estirpes *de S.cerevisiae* crescem exponencialmente durante as primeiras 24 horas de incubação. A densidade de crescimento mais elevada foi observada pela estirpe SCC *de S.cerevisiae*, seguida pela estirpe SCS, com 3,65 e 3,30, respetivamente. A Fig. (5) correspondente à biomassa produzida foi de 3,28 e 2,97 g/l. Além disso, a taxa de crescimento específico mais elevada (μ), o número de gerações (N) e o tempo de duplicação mais baixo (t_d) foram registados pelas mesmas estirpes *S.cerevisiae* SCC, com 0,184 h^{-1} , 5,86 e 3,75 h, seguidas da estirpe SCC, que apresentou 0,172 h^{-1} , 5,48 e 4,01 h, respetivamente. Por outro lado, as estirpes *S.cerevisiae* SCE e SCH apresentaram a taxa de crescimento específico mais baixa e o tempo de duplicação mais elevado, com

0,142 h^{-1} e 4,86 h, como se mostra no quadro (3) e na figura (5). Estes resultados indicam que a estirpe *S.cerevisiae* SCC produziu a viabilidade mais elevada (99 %), a quantidade de gás (63 cm^3) e o parâmetro de crescimento mais elevado, pelo que foi escolhida para um estudo mais aprofundado.

Tabela (1): Comparação entre diferentes estirpes *de S.cerevisiae.*

Estirpes	**Viabilidade (%)**	**Tempo de redução do azul de metileno (MBRT) (min)**	**Capacidade de potência de gaseificação (Cm3)**
SCC	99.0 ± 0.51	13 ± 1.0	63 ± 1.80
SCS	98.2 ± 0.62	15 ± 2.0	55 ± 1.52
SCT	96.5 ± 0.91	17 ± 1.0	56 ± 1.00
SCE	94.5 ± 0.75	40 ± 2.0	44 ± 1.70
SCH	94.3 ± 0.82	65 ± 2.0	48 ± 2.15
SCP	93.8 ± 0.78	90 ± 1.0	33 ± 2.10
CR	88.6 ± 0.65	100 ± 2.0	9.0 ±1.20

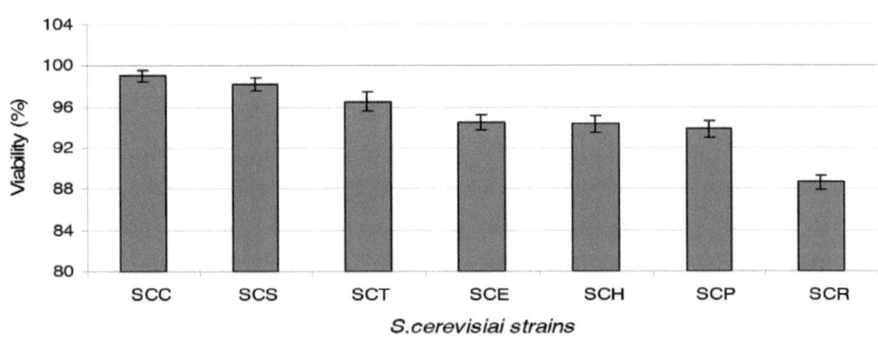

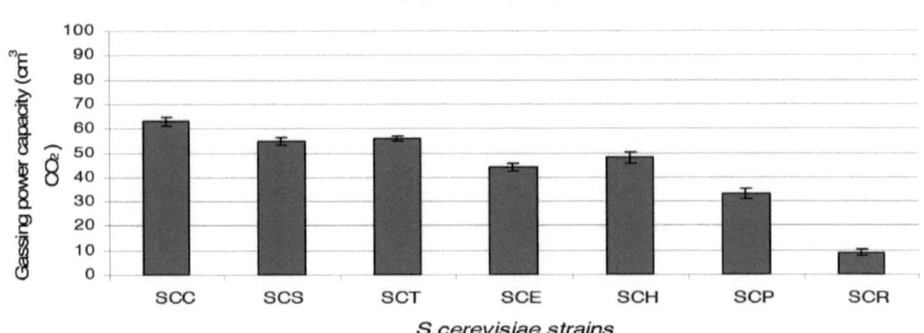

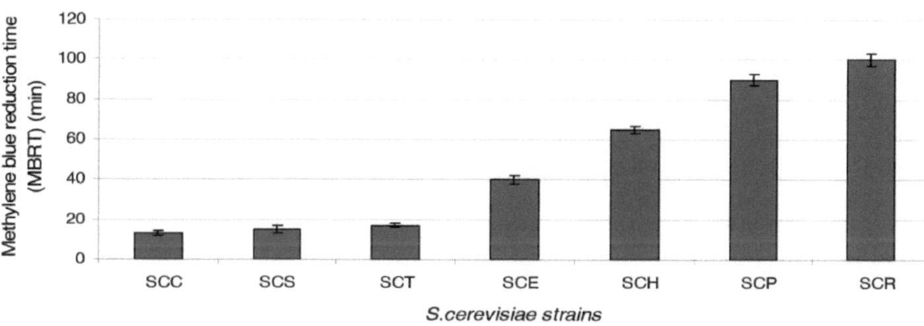

Fig (3): Viabilidade (A), capacidade de gaseificação (B) e teste de redução do azul de metileno (C) das estirpes *de S.cerevisiae.*

Tabela (2): Densidade ótica das estirpes *de S. Cerevisiae* em meio basal durante 48 h de incubação, utilizando frascos agitados como cultura descontínua.

Tempo (h)	**Densidade ótica (ODβ2θ) para todas as estirpes de leveduras cultivadas em meio basal durante 48 h.**						
	SCC	SCS	SCT	SCE	SCH	SCP	SCR
0	0.04±0.002	0.05±0.008	0.05±0.002	0.05±0.003	0.05±0.002	0.05±0.001	0.04±0.002
2	0.05±0.001	0.06±0.005	0.05±0.005	0.05±0.002	0.05±0.002	0.05±0.002	0.04±0.005
4	0.10±0.02	0.14±0.03	0.10±0.001	0.08±0.006	0.08±0.005	0.08±0.01	0.10±0.005
6	0.23±0.02	0.22±0.015	0.25±0.04	0.14±0.007	0.17±0.05	0.23±0.01	0.28±0.01
8	0.54±0.03	0.54±0.04	0.60±0.04	0.26±0.08	0.36±0.08	0.42±0.05	0.52±0.005
10	0.84±0.04	0.96±0.13	0.90±0.08	0.48±0.01	0.60±0.05	0.66±0.05	0.78±0.10
24	3.65±0.12	3.30±0.01	3.20±0.10	2.1O±O.12	2.17±0.09	2.30±0.07	2.75±0.10
26	3.55±0.15	3.20±0.12	3.42±0.11	2.32±0.10	2.52±0.08	2.70±0.09	2.74±0.005
28	3.45±0.08	3.20±0.08	3.51±0.09	2.40±0.10	3.00±0.05	2.70±0.04	2.62±0.05
30	3.43±0.08	3.10±0.10	3.50±0.11	2.35±0.08	2.85±0.07	2.68±0.08	2.54±0.09
48	3.15±0.05	1.90±0.10	2.90±0.08	2.21±0.04	2.30±0.08	2.28±0.08	2.25±0.08

Tabela (3): Taxa de crescimento específico (μ), tempo de duplicação (t_d) e biomassa produzida pelas estirpes *de S.cerevisiae* em meio basal a 30 °C, utilizando um frasco agitado como cultura descontínua.

Estirpes	**μ (h^{-1})**	**td (h)**	**Geração de números (N)**	**Biomassa (g/l)**
SCC	0.184	3.75	5.86	3.28
SCS	0.172	4.01	5.48	2.97
SCT	0.148	4.66	5.15	2.88
SCE	0.142	4.86	5.35	1.89
SCH	0.142	4.86	5.35	1.95
SCP	0.152	4.54	5.28	2.07
SCR	0.169	4.08	5.39	2.47

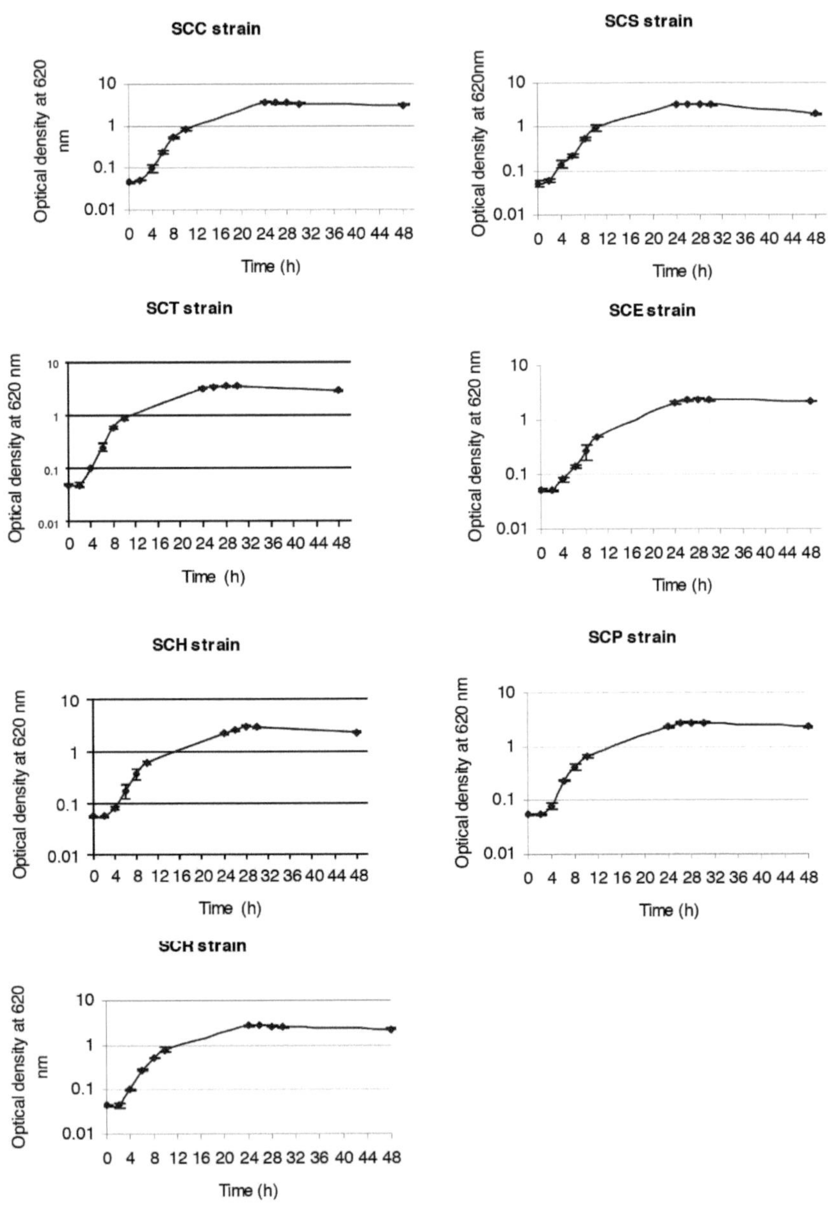

Fig (4): Curva de crescimento das estirpes *de S.cerevisiae* durante 48 h a 30 °C utilizando frascos agitados como cultura descontínua.

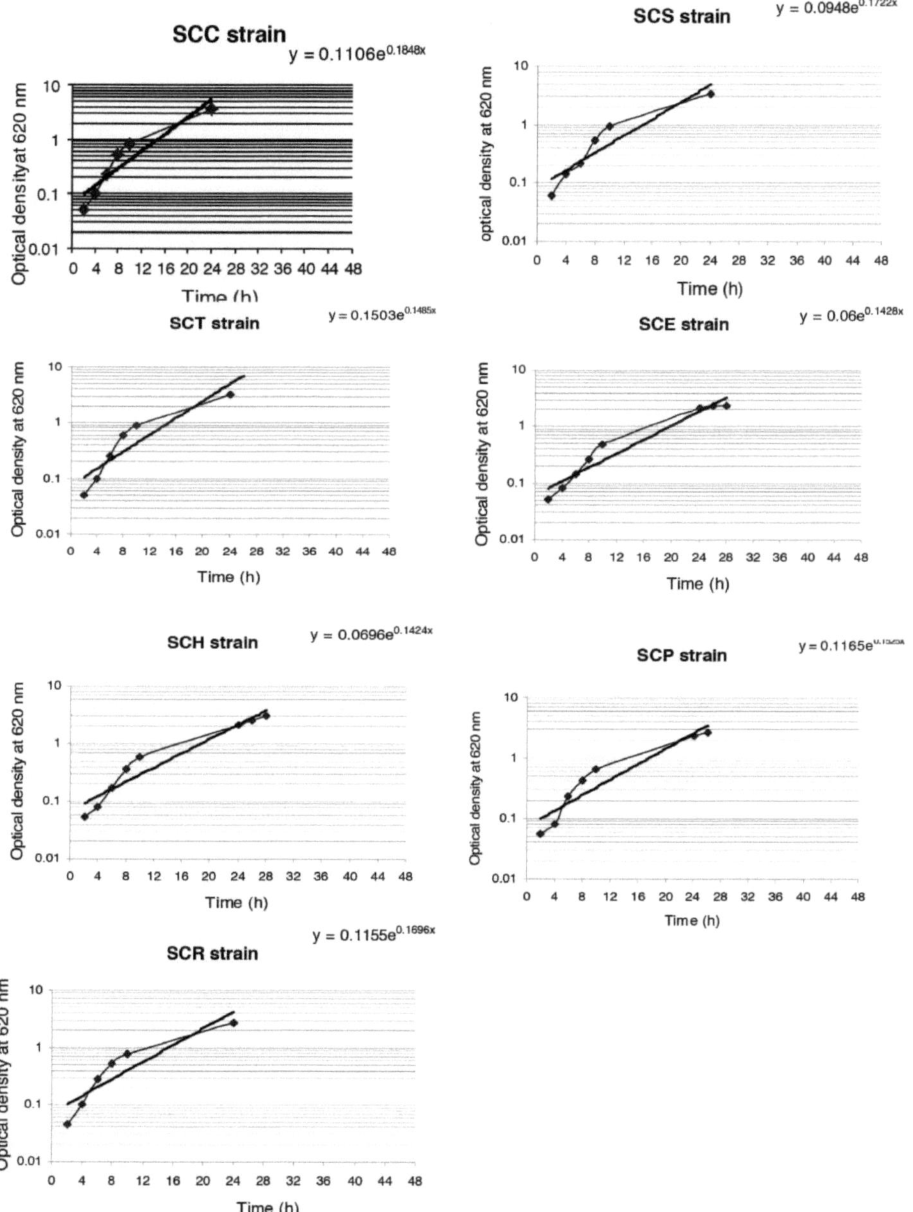

Fig (5): Equação da linha reta das estirpes *de S.cerevisiae* durante a fase exponencial.

III-3-Melaço de beterraba

O melaço é o subproduto dos processos de extração da beterraba sacarina ou da cana-de-açúcar. É a matéria-prima mais importante da indústria de fermentação, especialmente para a produção de levedura de padeiro, leveduras alimentares, ácidos orgânicos, aminoácidos, antibióticos e enzimas (Çalik et al, 2001).

O quadro (4) mostra a composição do melaço. O melaço contém uma elevada concentração de carbono total (53,5 %), açúcar (51 %), compostos fenólicos totais (1,5 g/l) e ácidos orgânicos (2,4 %), enquanto o seu teor de azoto total é baixo (1,13 %). Além disso, o melaço contém uma concentração elevada de alguns metais, como K, Na, Mn, Fe, Zn, Co, Ni, Cu e Pb, sendo 40, 19, 23, 75, 22, 25, 45, 15 e 40 ppm, respetivamente. Estes metais podem inibir o crescimento de microrganismos. Por conseguinte, para utilizar o melaço para o crescimento microbiano, este deve ser clarificado antes de ser utilizado como substrato em bioprocessos.

Por razões económicas, os processos de clarificação por ácido diluído são normalmente utilizados para preparar o melaço para o cultivo dos microrganismos. O processo de clarificação foi efectuado com ácido sulfúrico como agente de impregnação. Os passos do processo de clarificação foram descritos na secção *(II-6-4)*. Esta experiência foi realizada com o objetivo de investigar o efeito dos processos de clarificação na composição do melaço e a eficiência da sua utilização como meio de produção de levedura de padeiro.

O objetivo dos processos de clarificação era remover os metais pesados (Pb, Cu, Cd, Co e Ni) que podem inibir o crescimento das estirpes *de S.cerevisiae*. A eficiência da remoção de iões metálicos pode ser vista na Tabela (4) e na Figura (6). Os metais pesados (Pb, Cu, Cd, Co e Ni) foram completamente removidos pelos processos de clarificação. Mas foram detectadas pequenas concentrações de Mn (2,8 ppm), Fe (3,7 ppm) e Zn (5,4 ppm), devido ao facto de o Mn, Fe e Zn remanescentes presentes no melaço após os processos de clarificação poderem ser complexados por ácidos orgânicos.

O teor total de compostos fenólicos e ácidos orgânicos não foi fortemente afetado pelos processos de clarificação (Tabela 4). No entanto, a análise do teor de açúcar no melaço após os processos de clarificação mostrou que o açúcar diminuiu de 51 para 47,9 % (Fig. 6), devido à formação de subprodutos, como a desidratação da pentose e da hexose em 2-furaldeído (furfural) e 5-hidroximetil-furfural (HMF), respetivamente (Larsson *et al.*, 1999 e Lewkowski, 2001).

Tabela (4): Composição e propriedades do melaço de beterraba.

	Açúcar total (%)	**Total C (%)**	**Total N (%)**	**Ácido orgânico (%)**	**Fenol total (g/l)**
Antes da clarificação	51	53.5	1.13	2.4	1.5
Após clarificação	47.9	53.1	1.12	2.7	1.4

Metais (ppm)

	K	Na	Mn	Fe	Zn	Co	Cd	Ni	Cu	Pb
Antes da clarificação	40	19	23	75	22	25	0	45	15	40
Após clarificação	4.1	1.5	2.8	3.7	5.4	0.7	0	1	0	0

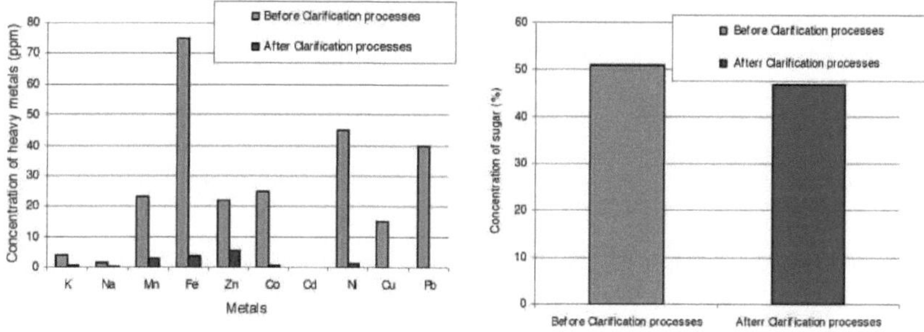

Fig (6): Concentração de metais pesados e açúcar total no melaço após e antes dos processos de clarificação.

O furfural e o 5-hidroximetilfurfural (HMF) estão quimicamente relacionados e ambos têm um anel furano e um grupo aldeído nas suas estruturas químicas. Estes compostos reduzem a atividade enzimática e biológica, decompõem o ADN e inibem a síntese de proteínas e ARN (Moding *et al,* 2002). As leveduras são mortas pelo complexo inibitório mesmo em baixas concentrações (Liu *et al,* 2004).

Para estudar o efeito dos processos de clarificação na concentração, na estrutura química e na proporção do composto aldeído, o melaço clarificado foi analisado utilizando o aparelho de espetro infravermelho (IR). Um grupo aldeído aparece em dois locais no espetro de IV: A absorção de carbonilo a ~1700 cm^{-1} , juntamente com as absorções em torno de~2800 cm^{-1} para C-H devem levar à conclusão de que este composto contém um grupo aldeído. O espetro de IV mostrou claramente um único pico a 1775 - 1516 cm^{-1} para o grupo carbonilo e um único pico a 3007 - 2724 cm^{-1} para o grupo C-H, tanto antes como depois dos processos de clarificação. O espetro de IV permite concluir que o melaço contém um composto aldeído (Fig. 7). Os dados apresentados na Tabela (5) mostram que a área do pico de carbonilo aumentou de 94,66 para 148,35. Além disso, o rácio do grupo carbonilo aumentou de 0,0347 para 0,0426 após os processos de clarificação. Além disso, a área do pico C-H aumenta de 35,57 para 51,61 e o rácio do grupo C-H aumenta de 0,013 para 0,0148 após os processos de clarificação. Estes resultados indicaram fortemente o aumento da concentração de compostos aldeídicos após os processos de clarificação com ácido sulfúrico.

Pode concluir-se que os processos de clarificação do melaço causaram uma remoção completa de alguns metais pesados, tais como Pb, Co, Cu, Ni e reduziram a concentração dos outros (K, Na, Fe, Mn). Além disso, diminuiu ligeiramente o teor de açúcar total.

Num estudo semelhante, Martin *et al,* (2007) observaram que o baixo rendimento total de açúcar do bagaço impregnado com H_2 SO_4 se devia em grande parte à formação de subprodutos, como a desidratação da xilose em furfural. A impregnação com ácido sulfúrico levou a um aumento de três vezes na concentração dos inibidores de fermentação furfural e 5-hidroximetilfurfural (HMF). Consequentemente, a capacidade da *S.cerevisiae* SCC de crescer em diferentes concentrações de furfural será investigada para determinar o efeito na produção e qualidade da levedura de panificação.

Tabela (5): Área e rácio do grupo carbonilo e C-H após e antes dos processos de clarificação de acordo com o espetro de IV.

Grupo		Carbonilo	C-H
Gama		1775 - 1516	3007 - 2724
Área	Antes da clarificação	94.66	35.57
	Após clarificação	148.35	51.61
Rácio	Antes da clarificação	0.0347	0.0130
	Após clarificação	0.0426	0.0148

Grupo carbonilo a ~1700 cm^{-1}

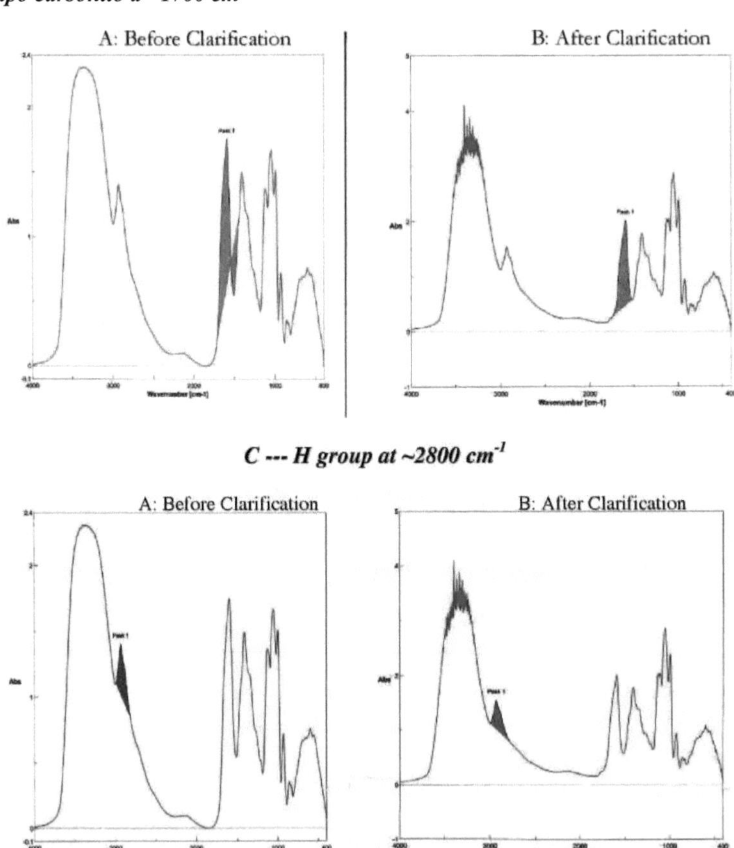

Fig (7): Deteção de grupos carbonilo e C---H no melaço A) antes dos processos de clarificação, B) após os processos de clarificação utilizando IR.

III-4-Efeito do furfural no crescimento da estirpe SCC de S.cerevisiae

Os teores de furfural e HMF no melaço clarificado são considerados os inibidores mais potentes do crescimento e da fermentação de leveduras (Taherzadeh *et al*, 2000 e Liu *et at*, 2004). O objetivo deste passo foi examinar experimentalmente os efeitos de diferentes concentrações de furfural no crescimento da estirpe SCC *de S.cerevisiae*.

A fim de descobrir a concentração de furfural que inibe o processo de fermentação, foram adicionadas diferentes concentrações de furfural (0,05, 0,1, 0,3, 0,5, 1,0 e 1,5 mg/ml) ao meio de crescimento de *S.cerevisiae* SCC (meio basal) e a cultura sem furfural serviu de controlo, conforme descrito na secção *(II-6-6-1)*. O crescimento de *S.cerevisiae* SCC, o peso seco das células e a cinética de crescimento foram determinados.

Os dados apresentados na Tabela (6) e ilustrados pela Fig. (8) mostram claramente que não há diferença no crescimento da *S.cerevisiae* SCC (como densidade ótica) em meios contendo 0,05 ou 0,1 mg/ml de furfural em comparação com o controlo (meio sem furfural) durante as primeiras 12 horas de incubação. No entanto, o aumento da concentração de furfural de 0,1 para 1,0 mg/ml levou a uma forte diminuição do crescimento da levedura durante o mesmo período de fermentação. O efeito inibitório máximo mau sobre o crescimento da *S.cerevisiae* SCC foi observado ao adicionar 1,5 mg/ml de furfural ao meio de crescimento, enquanto não se observou qualquer crescimento. Durante as 18 horas seguintes de incubação, o crescimento de *S.cerevisae* SCC em meio 0,3 mg/ml de furfural aumentou até obter uma densidade ótica (D.O.) aproximadamente igual à obtida em meios contendo baixa concentração (0,05 ou 0,1 mg/ml) de furfural. No final do período de fermentação (48 h), as densidades ópticas das diferentes culturas (contendo diferentes concentrações de furfural) convergiram ou aproximaram-se.

Os dados também mostraram que o aumento da concentração de furfural para mais de 0,1 mg/ml de furfural resultou num atraso da fase exponencial, que foi calculada como o ponto de tempo antes de as culturas entrarem na fase exponencial, retirado das curvas de crescimento em escala logarítmica. As células cultivadas em meios que continham 0,05, 0,1 e 0,3 mg/ml de furfural apresentaram uma fase de atraso de 2 h e, a 0,5 mg/ml de furfural, a *S. cerevisiae* SCC apresentou uma fase de atraso de 4 h. Por outro lado, as células que cresceram em meios que continham 1,0 mg/ml de furfural apresentaram uma fase de desfasamento prolongada de 20 h, como se mostra na Fig. 9.

Os valores dos parâmetros de crescimento da S.cerevisiae SCC estão registados na Tabela (7) e ilustrados na Fig. (10). Os parâmetros de crescimento da *S.cerevisiae* SCC cultivada em diferentes concentrações de furfural apresentaram a mesma tendência, em que a taxa de crescimento específica mais elevada (μ), o número de gerações (N) e o tempo de duplicação mais baixo (t_d) foram registados em meio contendo 0,05 ou 0,1 mg/ml de furfural, sendo 0,347 h^{-1} , 4,04 e 1,98 h, respetivamente. O aumento da concentração de furfural para 0,3, 0,5 ou 1,0 mg/ml levou ao prolongamento do tempo da fase lag, diminuindo subsequentemente a taxa de crescimento específico (0,258, 0,225 e 0,121 h^{-1}), o número de gerações (4,49, 3,26 e 1,75) e o aumento do tempo de duplicação (2,67, 3,06 e 5,70 h), respetivamente.

Estas datas foram confirmadas pelo consumo de açúcar, conforme descrito na Tabela (8) e na Fig. (10), enquanto que o consumo máximo de açúcar foi registado após 24 h em meios contendo 0,05, 0,1 ou 0,3 mg/ml de furfural, sendo 19,90, 19,91 e 19,85 g/l, respetivamente. Os valores correspondentes para a eficiência de utilização do açúcar foram 99,5, 99,55 e 99,25%. A mesma tendência também foi observada após 48 h de incubação a 0,5 e 1,0 mg/ml de furfural, os valores de açúcar consumido foram 19,97 e 19,90 g/l (90,85 e 99,50 %, respetivamente). Assim, o cultivo de *S.cerevisiae* SCC em meios contendo alta concentração de furfural deu baixa densidade de cultura (crescimento) durante as primeiras 24 horas.

Além disso, o peso seco das células de *S.cerevisiae* SCC produzidas e o fator de rendimento (%) em meios que continham 0,05 e 0,1 ou 0,3 mg/ml de furfural eram aproximadamente iguais ao meio de controlo. Enquanto que, o meio contendo 0,5, 1,0 mg/ml de furfural levou à diminuição do peso seco das células e do fator de rendimento 33,68, 80% e 29,97, 67,85%, respetivamente, após 24 horas de incubação. No entanto, este efeito diminuiu com o aumento do tempo de fermentação (48 h), como se mostra na Tabela (9) e na Figura (11).

Relativamente ao efeito inibidor do furfural (Percentagem de inibição (%) =100 - (O.$D_{620\ Xamostra}$ mg/ml furfural cultura / O.$D_{620\ Xcontrolo}$ mg/ml furfural × 100), o aumento da concentração de furfural aumentou a percentagem de inibição até atingir o máximo a 1,0 mg/ml, sendo 79,87 %. No entanto, este efeito diminuiu com o aumento do tempo de fermentação até atingir o mínimo de 5,58%, Tabela (9) e Fig. (11).

Pode concluir-se que a estirpe *S.cerevisiae* SCC foi capaz de reduzir a toxicidade do furfural e recuperar de uma fase de atraso prolongada durante as primeiras 24 horas de incubação a uma concentração elevada de furfural. Uma vez recuperado o crescimento das células, a estirpe *S.cerevisiae* SCC foi capaz de consumir glucose e produzir biomassa. De acordo com (Liu, 2006), a fase de atraso prolongado antes da recuperação do crescimento celular pode refletir uma resposta genética e uma mudança na fisiologia das células que se adaptam ao stress químico. A indução enzimática foi sugerida durante a fase de desfasamento. Foi relatado que importantes enzimas metabólicas, incluindo a álcool desidrogenase (ADH), a aldeído desidrogenase (AIDH) e a piruvato desidrogenase (PDH), são inibidas in vitro pelo furfural e pelo HMF. Modig *et al,* (2002) estudou in vitro os efeitos de inibição do furfural em várias enzimas, incluindo a álcool desidrogenase (ADH), a aldeído desidrogenase (AlDH) e a piruvato desidrogenase (PDH). A existência de até 1 g/l de furfural nos hidrolisados afecta fortemente a atividade da PDH e da AlDH, ao passo que afecta ligeiramente a atividade da ADH. Além disso, a Moding verificou que uma concentração de furfural de 0,05 g/l dava 24% de atividade AlDH remanescente, enquanto que 91% de atividade ADH remanescente era encontrada.

Estes resultados estão de acordo com observações anteriores relativas ao efeito do furfural em leveduras. Liu *et al*, (2004) descobriram que a 10 mM, *Saccharomyces cerevisiae* ATCC 211239 mostrou uma fase de atraso prolongada de 8 e 4 h para culturas tratadas com furfural e HMF, respetivamente, em comparação com a do controlo. Para culturas que crescem em meios tratados com inibidor 30 mM, este tempo de atraso aumentou para 24 e 16 h para a estirpe ATCC 211239 para furfural e HMF, respetivamente. Kelly *et al,*

(2008) centrou-se no efeito do furfural, da vanilina e do siringaldeído no crescimento de *Candida guilliermondii* e na acumulação de xilitol a partir da xilose. Os três compostos reduziram a taxa de crescimento específico, aumentaram o tempo de atraso e reduziram a taxa de produção de xilitol.

Tabela (6): Efeito de diferentes concentrações de furfural no crescimento de *S.Cerevisiae* SCC (O.D) durante um período de incubação de 48 h a 30° C, utilizando frascos agitados como uma cultura em lote.

Tempo (h)	Densidade ótica (OD_{620}) de *S.Cerevisiae* SCC em diferentes concentrações de furfural (mg/ml).						
	0 mg/ml	**0,05 mg/ml**	**0,1 mg/ml**	**0,3 mg/ml**	**0,5 mg/ml**	**1,0 mg/ml**	**1,5 mg/ml**
0	0.043 ±0.002	0.038 ± 0.004	0.039± 0.003	0.04 ± 0.004	0.040 ±0.002	0.039±0.005	0.040±0.002
2	0.068 ±0.006	0.067 ±0.006	0.071± 0.004	0.06 ±0.006	0.053 ±0.002	0.045 ±0.003	0.039±0.003
4	0.21 ±0.03	0.21 ±0.009	0.20±0.02	0.11 ±0.01	0.08 ±0.01	0.056 ±0.01	0.039±0.001
6	0.53 ±0.02	0.51 ±0.02	0.51±0.04	0.22 ±0.05	0.13 ±0.02	0.068 ±0.02	0.038±0.003
8	0.82 ±0.04	0.81 ±0.05	0.80±0.04	0.38 ±0.05	0.19 ±0.03	0.083 ±0.03	0.039±0.002
10	1.14 ±0.06	1.10 ±0.03	1.13±0.02	0.68 ±0.07	0.29 ±0.02	0.10 ±0.03	0.040±0.004
12	1.37 ±0.08	1.40 ±0.01	1.35±0.01	0.95 ±0.07	0.52 ±0.03	0.12 ±0.05	0.040±0.002
14	1.82 ±0.03	1.80 ±0.08	1.81±0.05	1.22 ±0.03	0.75 ±0.06	0.14 ±0.04	0.038±0.001
24	3.18 ±0.05	3.17 ±0.03	3.19±0.02	2.71 ±0.05	2.11 ±0.04	0.64 ±0.03	0.040±0.004
26	3.48 ±0.07	3.45 ±0.05	3.46±0.06	3.00 ±0.08	2.36 ±0.05	1.00 ±0.02	0.040±0.003
28	3.51 ±0.04	3.50 ±0.05	3.49±0.07	3.31 ±0.05	2.67 ±0.06	1.30 ±0.04	0.040±0.003
30	3.48 ±0.08	3.46 ±0.04	3.46±0.04	3.38 ±0.04	2.83 ±0.04	1.71 ±0.02	0.040±0.002
48	3.40 ±0.03	3.39 ±0.07	3.38±0.02	3.34 ±0.04	3.31 ±0.04	3.21 ±0.05	0.040±0.005

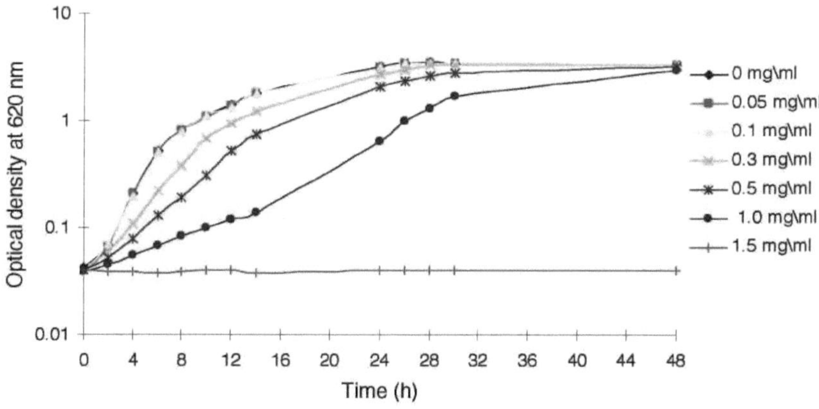

Fig (8): Crescimento de *S.cerevisiae* SCC em meio basal contendo diferentes concentrações de furfural durante 48 h de incubação a 30°C usando agitação como cultura em lote.

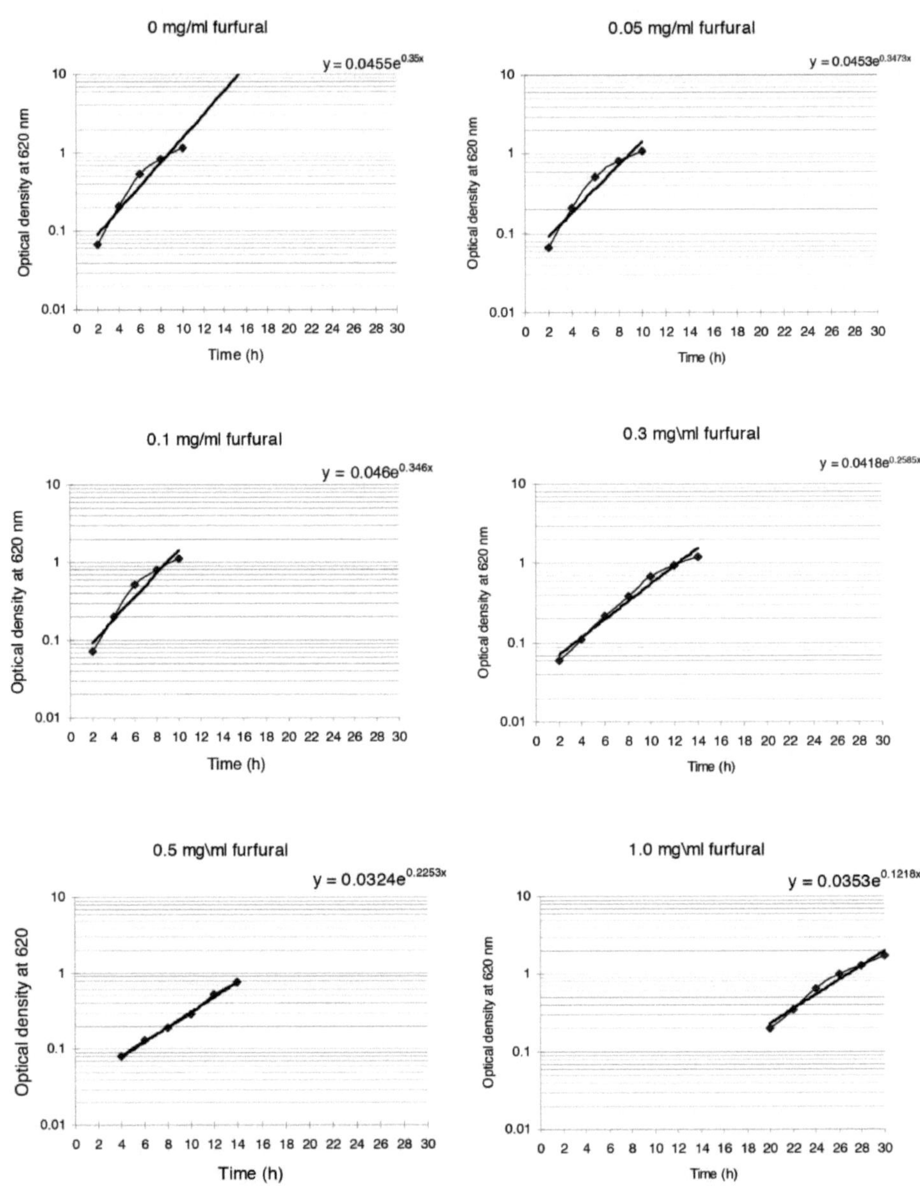

Fig (9): Equação linear de *S.cerevisiae* SCC em meios contendo diferentes concentrações de furfural durante 48 h de incubação a 30°C em frascos agitados como uma cultura em lote.

Tabela (7): Parâmetros de crescimento de *S.cerevisiae* SCC afectados por diferentes concentrações de furfural.

Concentração de furfural (mg/ml)	Parâmetros de crescimento		
	μ	td	N
0	0.350	1.97	4.06
0.05	0.347	1.98	4.04
0.10	0.346	1.99	4.02
0.30	0.258	2.67	4.49
0.50	0.225	3.06	3.26
1.0	0.121	5.70	1.75

Tabela (8): Efeito de diferentes concentrações de furfural na concentração de açúcar (g/l), açúcar consumido (g/l) e eficiência de utilização de *S.cerevisiae* SCC.

Concentração de furfural (mg/ml)	Concentração de açúcar (g/l)		Açúcar consumido (g/l)		Eficiência de utilização (g/l)	
	24 h	48 h	24 h	48 h	24 h	48 h
0	0.05	0	19.95	20	99.75	100
0.05	0.07	0	19.90	20	99.50	100
0.1	0.09	0	19.91	20	99.55	100
0.3	0.15	0	19.85	20	99.25	100
0.5	4.20	0.03	18.80	19.97	94.00	90.85
1.0	7.60	0.10	12.40	19.90	62.00	99.50

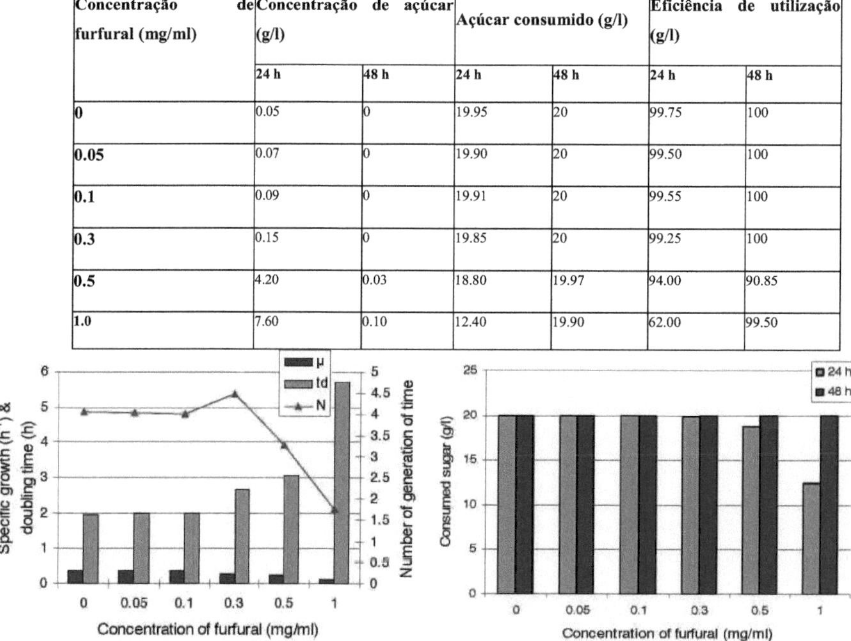

Fig (10): Efeito de diferentes concentrações de furfural na taxa de crescimento específico (μ), tempo de duplicação (t_d), número de gerações e açúcar consumido (%) em *S.cerevisiae* SCC às 24 h e 48h para cada concentração de furfural.

Tabela (9): Efeito de diferentes concentrações de furfural no peso seco das células, fator de rendimento e percentagem de inibição de *S.cerevisiae* SCC às 24 e 48 h.

Furfural (mg/ml)	Peso seco da célula (g/l)		Fator de rendimento (%)		Percentagem de inibição (%)	
	24 h	48 h	24 h	48 h	24 h	48 h

0	2.85±0.045	3.06 ±0.05	14.28	15.30	0	0
0.05	2.85 ± 0.048	3.05 ±0.06	14.32	15.25	0.31	0.29
0.1	2.87 ± 0.050	3.04 ± 0.055	14.41	15.20	0	0.58
0.3	2.43 ± 0.078	3.00 ± 0.08	12.24	15.00	14.77	1.76
0.5	1.89 ± 0.084	2.97 ± 0.074	10.0	14.87	33.64	2.64
1.0	0.57 ± 0.065	2.88 ± 0.047	4.59	14.47	79.87	5.58

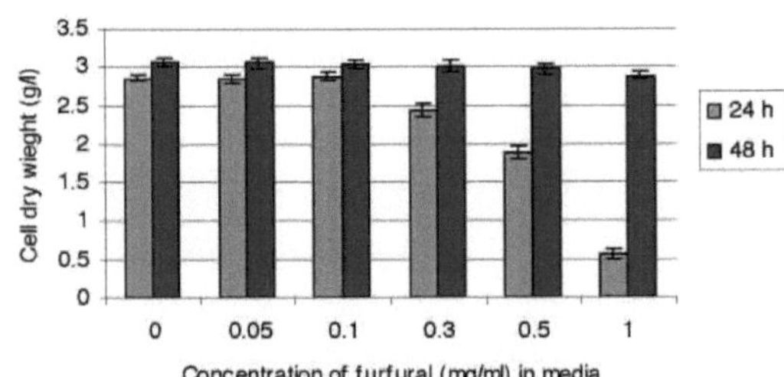

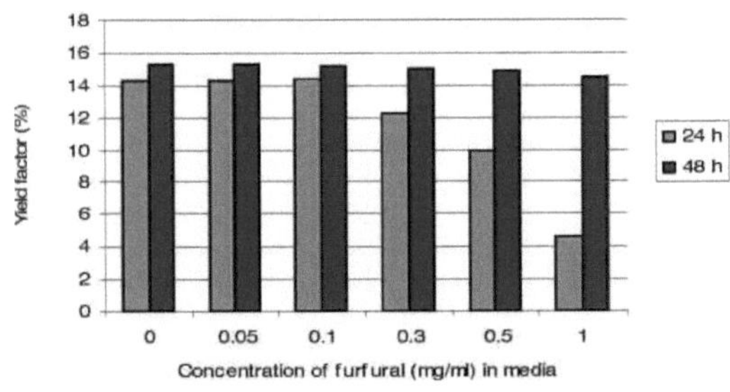

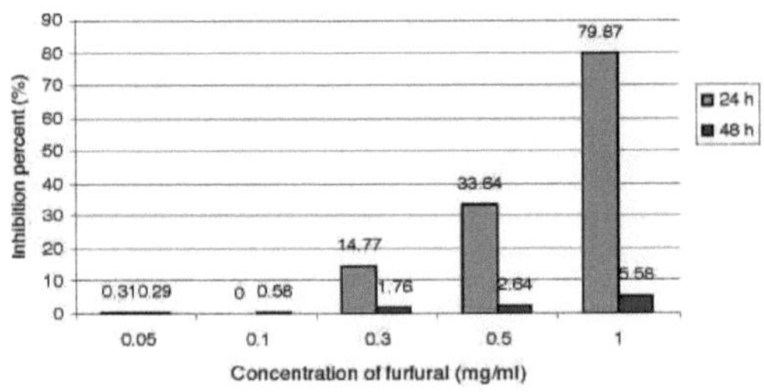

Fig (11): Efeito de diferentes concentrações de furfural no peso seco das células, fator de rendimento e percentagem de inibição de *S.cerevisiae* SCC.

III-4-1-Propriedades e composição bioquímica da estirpe SCC *de S.cerevisiae após exposição ao furfural*

Oda & Ouchi *et al*, (1989) referiram que o principal objetivo da produção industrial de levedura de panificação era produzir uma elevada concentração de células de levedura com elevada qualidade, tal como a atividade de fermentação (produção de CO_2), elevada atividade de maltase e conteúdo de biomassa de proteínas e hidratos de carbono. Assim, estes caracteres foram determinados após o fim da fase exponencial. Os resultados são apresentados na Tabela (10) e ilustrados na Fig. (12). Os dados mostram claramente que *a S.cerevisiae* SCC cultivada em meios contendo diferentes concentrações de furfural não teve um efeito real nestas propriedades e convergiu com o que foi obtido a partir de levedura cultivada como controlo (meio sem furfural), mas um simples aumento do conteúdo de hidratos de carbono foi observado a 0,5 e 1,0 mg/ml.

Tabela (10): Influência da concentração de furfural na atividade da maltase, poder de gaseificação (CO_2 cm^3) e teor de biomassa de proteínas e hidratos de carbono de *S.cerevisiae* SCC no final da fase exponencial para cada concentração de furfural.

Furfural (mg/ml)	Proteína N×6.25 (%)	Hidratos de carbono totais (%)	Atividade da maltase (min)	Atividade de fermentação (CO_2 cm)^3
0	52.3	44.5	73 ± 2	53 ± 2
0.05	52.7	44.8	74 ±1	51± 1
0.10	52.8	44.9	71 ± 2	52 ± 1
0.30	52.4	44.5	72 ± 2	53 ± 1
0.50	52.5	45.5	73 ± 1	51 ± 2
1.00	53.1	45.7	73 ± 2	53 ± 1

Capacidade de gaseificação e atividade da maltase (A)

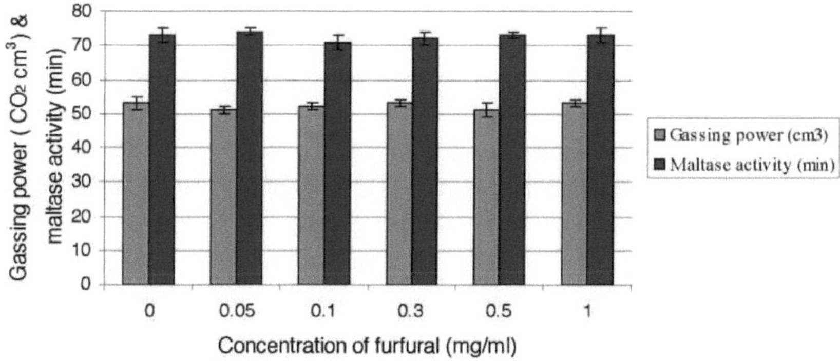

Composição bioquímica (B)

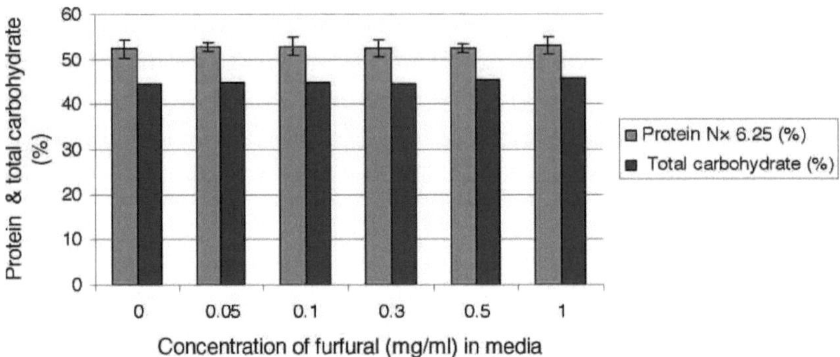

Fig (12): Efeito de diferentes concentrações de furfural na capacidade de gaseificação e na atividade de maltase (A), proteínas e hidratos de carbono totais (B) de *S.cerevisiae* SCC.

III-5-Produção de toxina assassina

As leveduras assassinas segregam toxinas polipeptídicas que matam estirpes sensíveis do mesmo género e, menos frequentemente, estirpes de géneros diferentes (Petering *et al,* 1991).

Nos processos de fermentação, as estirpes indesejáveis de leveduras estragam por vezes a fermentação, uma vez que as fermentações são frequentemente efectuadas num sistema aberto sem esterilização. Em particular, a contaminação por leveduras assassinas pode ser um problema sério se a estirpe inicial de levedura de padeiro for sensível à toxina assassina. Assim, é preferível inocular uma cultura inicial de uma estirpe específica que possa produzir toxinas assassinas para reduzir o tempo de fermentação, evitar a contaminação e assegurar a qualidade única do produto. A atividade antimicrobiana da *S.cerevisiae* SCC foi investigada contra 7 organismos patogénicos testados, incluindo bactérias, fungos e outros géneros de leveduras. O efeito inibitório das toxinas killer foi detectado utilizando o método de difusão em ágar como descrito na secção *(II-6-5).* Os resultados na Tabela (11) indicaram que a SCC *de S.cerevisiae* não reduziu o efeito das toxinas killer contra todas as estirpes testadas. Além disso, todas as estirpes testadas não conseguiram inibir o crescimento de *S.cerevisiae* SCC.

Tabela (11): A atividade assassina da *S.cerevisiae* SCC contra bactérias, fungos e leveduras.

	Bactérias	**Levedura**	**Fungos**
Estirpes testadas	*Bacillus cereus*	*Pichia anomala*	*Fusarium oxysporum*
	E. coli	*S.cerevisiae*	*Asperillus niger*
	Pseudomonas lacrymans		*Rhizopus nigricans*
Diâmetro da zona de inibição (mm)	Sem zona de inibição	Sem zona de inibição	Sem zona de inibição

Produção de III-6-Antioxidantes

A formação de vários antioxidantes na levedura pode ser induzida pela levedura cultivada em condições de stress ou em resposta ao ingrediente do meio de fermentação tais compostos fenólicos ou pela adição de substâncias que são conhecidas por serem tóxicas para as células que crescem aerobicamente (Larsson *et al,* 2000; 2001; Millati *et al,* 2002 e Wang *et al,* 2001).

III-6-1-Fonte de carbono de efeito

Os resultados do crescimento de *S.cerevisiae* SCC e da capacidade antioxidante total em meios contendo diferentes fontes de carbono estão resumidos na Tabela (12) e ilustrados na Fig. (13). Os dados mostram claramente que o nível mais elevado de antioxidantes foi observado no meio que continha etanol como única fonte de carbono, seguido do meio que continha glicerol, com 423 e 335 μ mol/g de células secas, resultando em 17,62 e 13,95 μ mol/g/h para a produtividade antioxidante. Além disso, os meios que deram o peso seco celular mais elevado (contendo melaço, 6,4 g/l, ou sacarose, 7,0 g/l) não melhoraram a formação de antioxidantes na célula e levaram a uma diminuição da produção de antioxidantes de 60,75 e 60,04 %, respetivamente, em comparação com o meio contendo etanol como fonte de carbono. A sequência dos valores da capacidade antioxidante total foi: etanol > glicerol > glucose > sacarose > melaço.

Finalmente, pode concluir-se que o nível de antioxidante total nas células cultivadas em meio de melaço foi baixo quando comparado com outras fontes de carbono.

Pode ser cultivada em fontes de carbono fermentáveis, especialmente glicose, derivando a sua energia da glicólise e fazendo uma utilização negligenciável das suas mitocôndrias, ou em substratos não fermentáveis como glicerol e etanol, activando o seu metabolismo oxidativo mitocondrial. Neste último caso, a cadeia respiratória mitocondrial está em funcionamento e é de esperar que a produção de espécies reactivas de oxigénio seja significativamente aumentada como um subproduto inevitável da oxidação, assumindo que as mitocôndrias são as principais fontes celulares de superóxido. O controlo das vias metabólicas da levedura é complexo, envolvendo não só a indução/repressão de enzimas diretamente activas no metabolismo dos substratos apropriados, mas também afectando o nível de antioxidantes e enzimas antioxidantes (Macierzynska *et al,* 2007).

Tabela (12): Efeitos de diferentes fontes de carbono no crescimento de *S.cerevisiae* SCC e na capacidade antioxidante total após 24 h de incubação, utilizando frascos agitados como cultura em lote.

Fonte de carbono	**Biomassa (g/l)**	**Capacidade antioxidante total (μ mol/g)**	**Produtividade do antioxidante (μ mole/g/h)**
Etanol	2.54 ± 0.2	423 ± 23	17.62 ± 0.95
Glicerol	3.45 ± 0.4	335 ± 22	13.95 ± 0.91
Glicose	5.0 ± 0.4	300 ± 18	12.50 ± 0.75
Melaço	6.4 ± 0.3	166 ± 12	6.91 ± 0.50
Sacarose	7.0 ± 0.2	169 ± 13	7.04 ± 0.54

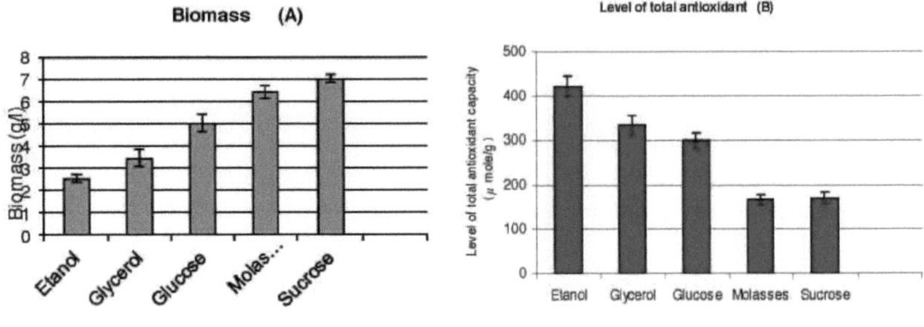

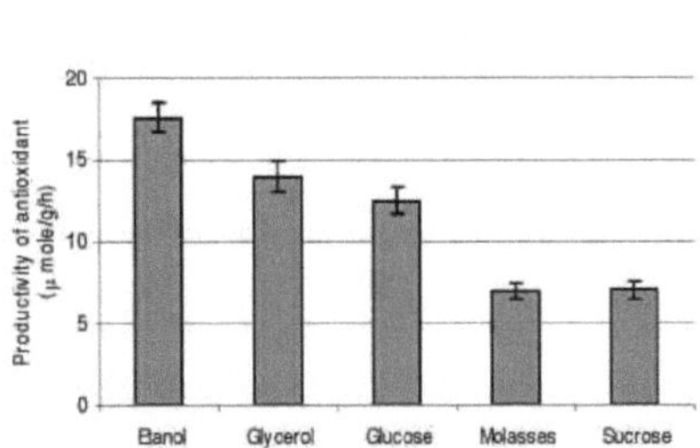

Fig (13): Peso seco das células **(A)** da estirpe SCC *de S.cerevisiae*, nível de antioxidante total **(B)** e produtividade **(C)** do antioxidante total após 24 h de incubação em meios contendo diferentes fontes de carbono a 30 °C, utilizando frascos agitados como cultura descontínua.

III-6-2-Efeito do furfural

A produção comercial de levedura de padeiro em todo o mundo é efectuada utilizando melaço aquecido como substância principal para o crescimento. O processo de aquecimento resulta na formação de furfural, pelo que o efeito de diferentes concentrações de furfural no nível de antioxidantes nas células de levedura foi o objetivo desta experiência. Os resultados da Tabela (13) e da Fig. (14) mostram claramente que o cultivo da estirpe *S.cerevisiae* SCC em meio contendo 0,1 ou 0,5 mg/ml de furfural deu os valores mais elevados de capacidade antioxidante, sendo 345 e 335 μ mol/g, respetivamente. Os valores correspondentes de produtividade foram 14,37 e 13,95 μ mol/g/h, respetivamente. Além disso, o cultivo da estirpe *S.cerevisiae* SCC em furfural (0,1 e 0,5 mg/ml) melhorou a capacidade antioxidante em 15 e 11,66 % em comparação com o controlo. O aumento da concentração de furfural superior a 0,5 mg/ml levou a uma diminuição da capacidade antioxidante de 53,62% em comparação com o meio que contém 0,1 mg/ml de furfural ou de 52,23% em comparação com o meio que contém 0,5 mg/ml de furfural, respetivamente.

Tabela (13): Efeitos de várias concentrações de furfural no nível e na produtividade da capacidade antioxidante total após 24 h de incubação, utilizando frascos agitados como cultura descontínua.

Concentração de furfural (mg/ml)	**Nível de capacidade antioxidante total (*μ* mol/g de levedura seca)**	**Produtividade do antioxidante (*μ* mole/g/h de levedura seca)**
0	300 ± 17	12.50 ± 0.71

0.1	345 ± 15	14.37 ± 0.62
0.5	335 ± 11	13.95 ± 0.46
1.0	160 ± 9.0	6.66 ± 0.37

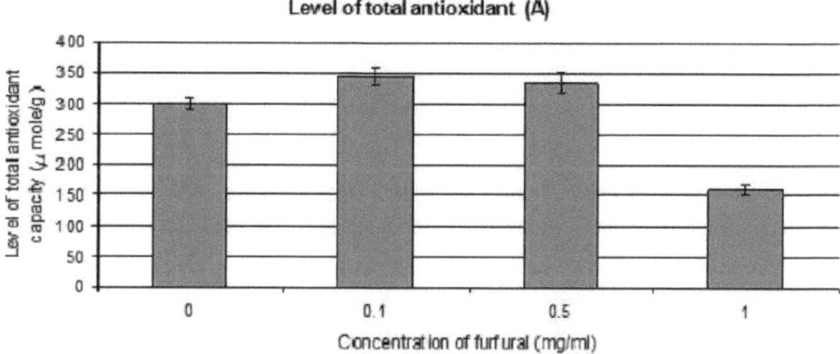

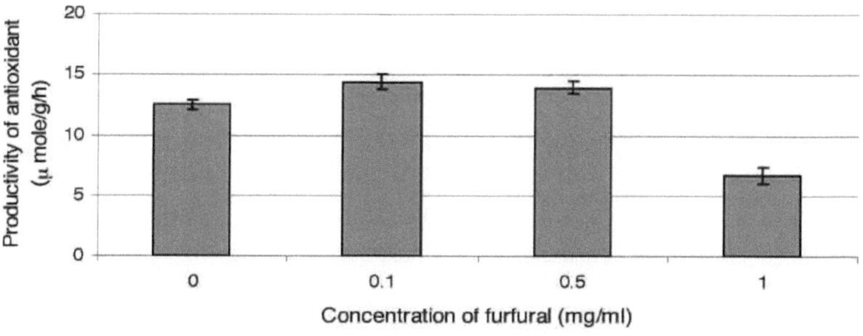

Fig (14): Nível de antioxidante total **(A)** e produtividade **(B)** para *S.cerevisiae* SCC após 24 h de incubação em meios contendo diferentes concentrações de furfural a 30 °C, utilizando frascos agitados como cultura descontínua.

III-7-Produção de levedura de selénio

O selénio (Se) é essencial para os seres humanos e os animais, mas não tem qualquer função conhecida nas plantas. A acumulação excessiva é tóxica tanto para as plantas como para os animais. A ingestão alimentar de Se é baixa num grande número de pessoas em todo o mundo. Este facto deve-se à baixa biodisponibilidade de Se em alguns solos e, consequentemente, às baixas concentrações de Se nos tecidos vegetais (Hawkesford e Zhao, 2007). O caminho para superar a deficiência de selénio na dieta é o fornecimento de produtos alimentares com maior teor de selénio, particularmente, o fornecimento de alimentos suplementados com biomassa de levedura enriquecida com formas orgânicas de selénio (as células vivas de levedura de *S.cerevisiae* são capazes de absorver selénio e transformá-lo biologicamente em *L(+) selenometionina*).

A partir dos resultados anteriores, o cultivo de *S.cerevisiae* SCC em meio contendo melaço como fonte de carbono (como feito na produção comercial de levedura de padeiro) deu um baixo teor de antioxidante, pelo que a experiência seguinte visou aumentar a capacidade antioxidante através da adição de selénio inorgânico ao meio de crescimento para aumentar a concentração de selénio orgânico nas células.

Esta etapa visava a produção de levedura com selénio, mantendo o equilíbrio entre a incorporação de selénio e o crescimento ótimo sem afetar as propriedades de panificação das células. Estas células poderiam ser adicionadas à massa para o processo de cozedura e aumentar o teor de selénio orgânico no pão.

As concentrações de selénio no meio foram ajustadas para 0,5, 1,0, 2,0, 5,0 e 10 µg Se/ml para investigar o efeito da concentração de selénio no peso seco das células, no poder de gaseificação e no conteúdo de selénio orgânico nas células de *S.cerevisiae* SCC. Foram utilizados dois métodos para o enriquecimento de *S.cerevisiae* SCC com selénio: o selenito de sódio foi adicionado ao meio líquido imediatamente após a inoculação da levedura ou o selenito de sódio foi adicionado ao meio líquido após 24 horas de incubação. Em seguida, as células foram colhidas após tempos diferentes (2 e 4 h) para cada concentração de selenito de sódio adicionada.

III-7-1-Adição de selénio no tempo zero

O efeito do tempo de adição de selénio no tempo zero no peso seco das células e no poder de gaseificação de *S.cerevisiae* SCC foi mostrado na Tabela (14) Fig (15). Os dados mostram claramente que a adição de selénio até 2 µg/ml no meio não causou uma diminuição clara no peso seco das células, mas diminuiu o peso seco produzido em 1,96%. A diminuição máxima do peso seco das células foi observada a 10 µg Se/ml, sendo 2,88 g/l e reduzindo a produção em 7,69%. Além disso, a adição da mesma concentração de selénio (até 2 µg Se/ml) não teve efeito no poder de gaseificação das células *S.cerevisiae*. No entanto, o aumento da concentração de selénio acima de 2 µg Se/ml (5 ou 10 µg Se/ml) causou um efeito dramático no poder de gaseificação e reduziu-o em 68,42% e 73,68% em comparação com o controlo.

Por outro lado, o conteúdo de Se (µg/g célula seca) foi aumentado com o aumento da concentração no meio e atingiu o conteúdo máximo de 2970 µg Se/g célula seca em meio contendo 10 µg Se/ml.

A partir dos dados anteriores, pode concluir-se que a adição de selénio ao meio de crescimento de *S.cerevisiae* SCC até 2 µg Se/ml não teve um efeito negativo deletério no crescimento celular e no poder de gaseificação, e deu um elevado teor de selénio orgânico. Estas condições óptimas foram a base para a produção eficiente de levedura de selénio em cultura descontínua. Estes dados foram confirmados pelo coeficiente de correlação. Este foi altamente positivo (0,98) com o teor de Se e baixo (0,05) com o poder de gaseificação e negativo (-0,96) com o peso seco das células.

Estes resultados estão de acordo com Stabnikova, *et al.* (2008), que afirmaram que para obter levedura de panificação de boa qualidade, a concentração de hidrosselenito de sódio no meio para o cultivo de levedura deve estar na faixa de 2 a 5 µg Se/ml. Sob estas concentrações de selénio no meio, a taxa de crescimento específico e o rendimento de biomassa, bem como as propriedades de panificação da levedura *S.cerevisiae* não diferiram dos parâmetros da levedura, cultivada no meio sem selénio.

Tabela (14): Enriquecimento de *S.cerevisiae* SCC por adição de selénio no tempo zero.

Concentração de Se (µg/ml) no meio	Peso seco (g/l)	Teor de Se em peso seco (µg Se/g)	Poder de gaseificação (cm)^3
0	3.12 ± 0.05	3.5 ± 0.2	38 ± 2
0.5	3.12 ± 0.03	120 ± 5.0	39 ± 1
1.0	3.10 ± 0.01	300 ± 3.1	40 ± 2
2.0	3.06 ± 0.02	782 ± 6.1	38 ± 1
5.0	3.00 ± 0.05	1670 ± 7.0	12 ± 1
10	2.88 ± 0.05	2970 ± 10	10 ± 1
R*	-0.98	0.96	-0.05

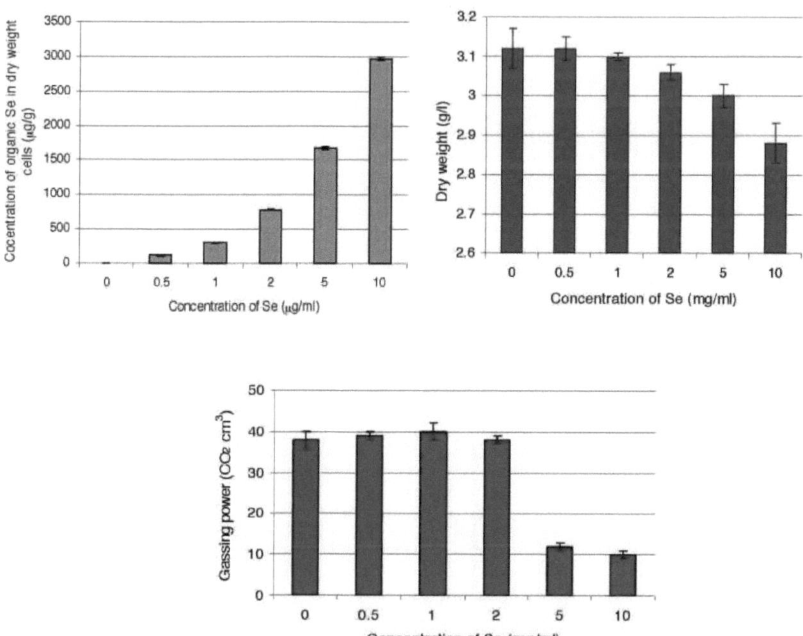

Fig (15): Efeito de diferentes concentrações de selénio no peso seco, teor de Se orgânico e poder de gaseificação.

Por outro lado, o efeito do enriquecimento de *S.cerevisiae* SCC com selénio na composição bioquímica é apresentado nos quadros (15 e 16) e ilustrado nas figuras (16, 17 e 18). Os dados mostram claramente que não houve diferenças significativas na composição química das células de levedura, tais como o teor de proteínas, carbono e elementos, quando cultivadas em meios contendo diferentes concentrações de selénio, em comparação com o controlo, exceto os teores de enxofre e potássio. Estes elementos diminuíram à medida que o selénio aumentou no meio e o enxofre desapareceu completamente no meio que continha 10 µg Se/ml de selénio. Isto pode dever-se ao facto de o selénio poder ser incorporado por substituição do enxofre nas proteínas (Ponce de Leon *et al,* 2002). Além disso, o elemento potássio diminuiu 47,69 % em meios que continham 10 µg Se/ml de selénio, em comparação com o controlo (sem selénio).

Tabela (15): Influência de diferentes concentrações de selénio na composição bioquímica da estirpe SCC *de S.cerevisiae.*

Concentração de selénio no meio (µg/ml)	Carbono (%)	Proteína (%)	Enxofre (%)
0	43.0	55.37	1.10
0.5	43.50	54.10	0.85
1.0	43.29	55.25	0.65
2.0	43.20	55.80	0.32
5.0	44.10	55.00	0.10
10	44.37	55.45	-

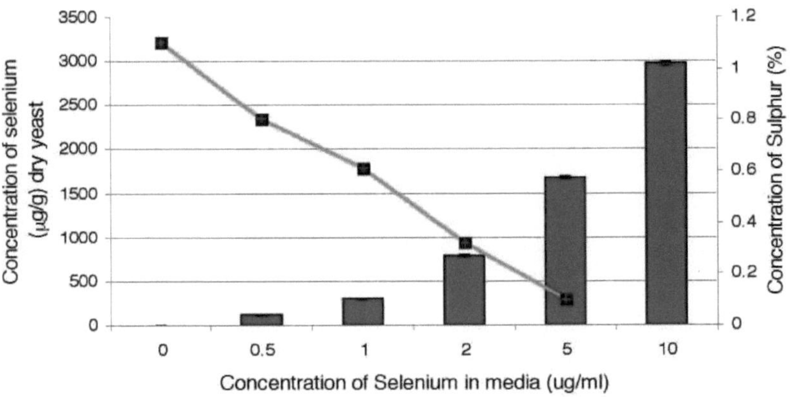

Fig (16): Relação entre a concentração de selénio orgânico e o teor de enxofre (+) na estirpe SCC de *S.cerevisiae.*

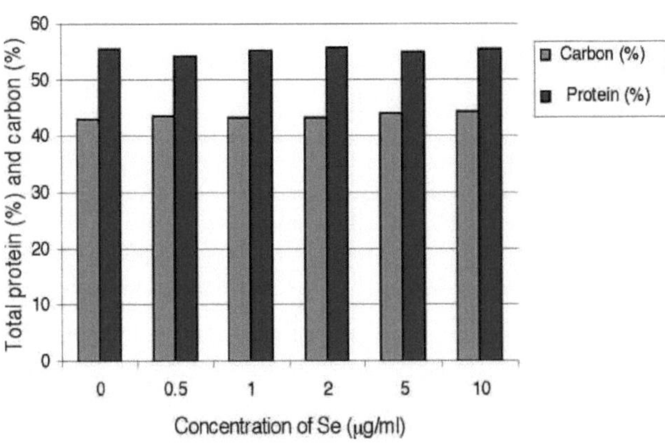

Fig (17): Efeito de diferentes concentrações de selénio nas proteínas totais e no carbono em *S.cerevisiae* SCC.

Tabela (16): Efeito do aumento da concentração de selénio na composição elementar de *S.cerevisiae* SCC.

Concentração de selénio no meio (µg /ml)	Concentração de catiões em células de *S.cerevisiae* SCC (µg /g célula seca)					
	Se	K	Zn	Fe	Mg	Mn

0	3.5	16.92	0.15	0.10	2.70	0.076
0.5	120	13.94	0.12	0.09	2.58	0.068
1.0	300	13.73	0.14	0.096	2.56	0.074
2.0	782	12.40	0.13	0.093	2.68	0.069
5.0	1670	11.67	0.10	0.10	2.69	0.064
10	2970	8.85	0.11	0.12	2.90	0.079

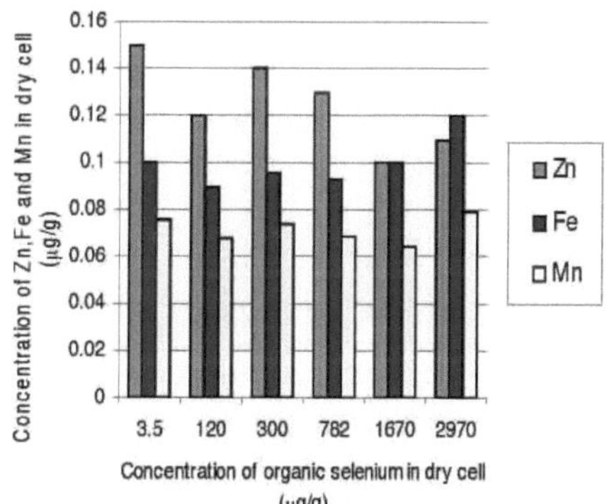

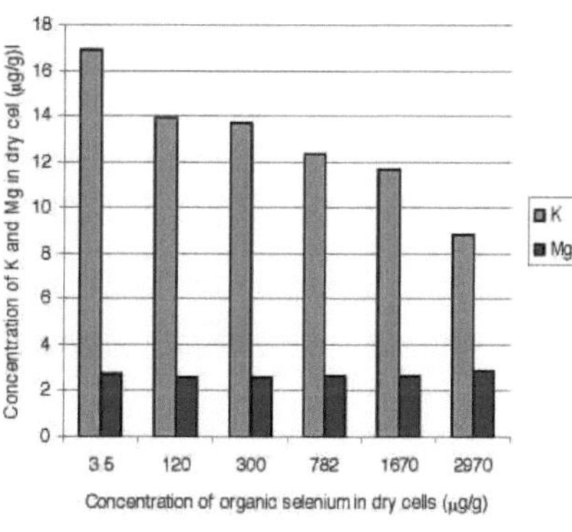

Fig (18): Efeito do aumento da concentração de selénio na concentração de metais em *S.cerevisiae* SCC.

Adição de III-7-2-Selénio após 24 h

Os dados presentes na Tabela (17) e na Fig. (19) mostram que o aumento do período de incubação após a adição de selénio levou a uma diminuição do teor de Se. A diminuição máxima foi de 29,44% quando o período de incubação aumentou de 26 h (após 2 h de adição) para 28 h (após 4 h de adição) em meio contendo 5 ou 10 µg/ml de selénio.

Por outro lado, o aumento da concentração de Se no meio até 2 µg/ml ou do tempo de incubação não teve efeito claro sobre o poder de gaseificação das células SCC *de S.cerevisiae*, enquanto que em meios contendo 5 ou 10 µg/ml levou à redução do poder de gaseificação em 27,02 & 45,95 % após 26 h e 31,57 & 39,47 % após 28 h.

A partir dos dados anteriores, pode concluir-se que a adição de selénio ao meio de crescimento de *S.cerevisiae* SCC até 2 µg Se/ml não teve um efeito negativo deletério no crescimento celular e no poder de gaseificação, e deu um elevado teor de selénio orgânico. Estas condições óptimas foram a base para a produção eficiente de levedura com selénio em cultura descontínua.

Tabela (17): Enriquecimento de *S.cerevisiae* SCC por adição de selénio após 24 h.

Concentração de Se (µg/ml)	**Teor de Se em peso seco (µg Se/g)**		**Poder de gaseificação (cm)³**	
	26 h	**28 h**	**26 h**	**28 h**
0	4.0 ± 0.5	4.0 ± 0.3	37 ±1	38 ± 2
0.5	106 ± 5.0	103 ±7.0	37 ±1	38 ± 1
1	210 ± 7.0	175 ± 5.0	38 ± 2	37 ± 2

2	520 ± 8.0	367 ± 7.0	36 ± 2	38 ± 2
5	995 ±13	702 ± 15	27 ±1	26 ± 2
10	1130 ±16	955 ± 18	20 ± 2	23 ± 3

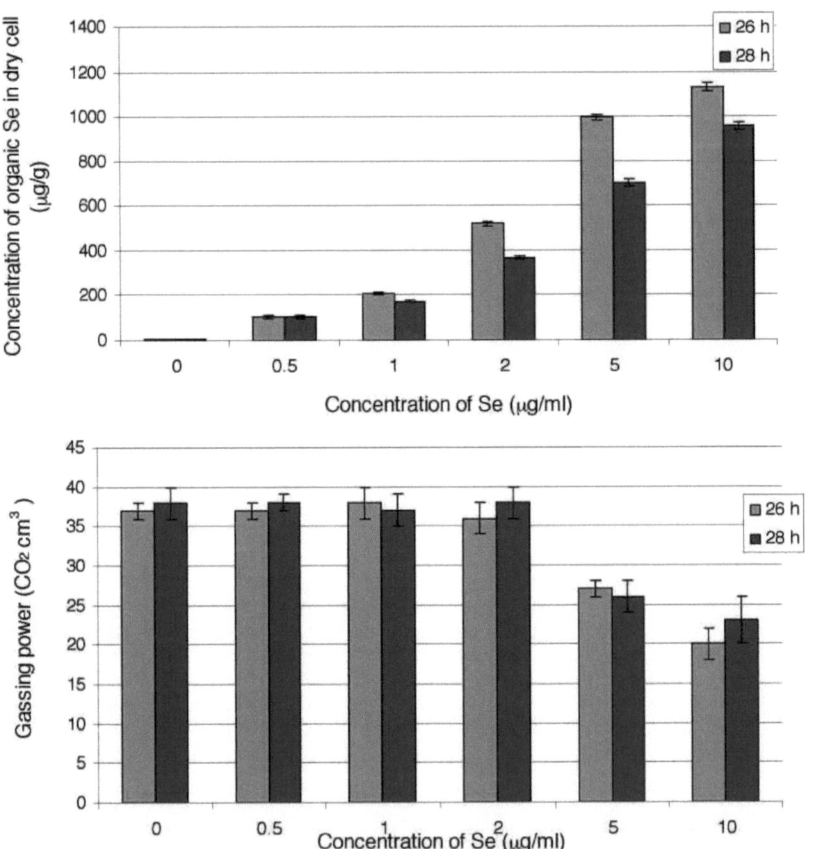

Fig (19): Efeito da adição de diferentes concentrações de selénio após 24 h no teor de selénio orgânico e no poder de gaseificação em *S.cerevisiae* SCC.

III-8-Produção de S.cerevisiae SCC

O objetivo da produção de levedura de panificação deve ser o de maximizar o crescimento e minimizar a fermentação alcoólica. A estratégia de "fed-batch" é normalmente utilizada em processos bioindustriais para atingir uma elevada densidade celular no bioreactor. Um lote alimentado é um processo biotecnológico descontínuo que se baseia na alimentação de uma cultura com um substrato nutritivo limitador do crescimento. A adição controlada do nutriente afecta diretamente a taxa de crescimento da cultura e permite evitar o extravasamento de metabolitos secundários (etanol). Por este motivo, os níveis de açúcar têm de ser mantidos muito baixos para evitar a repressão do catabolismo.

III-8-1-Cultura em lote

A estirpe SCC foi cultivada em meio de melaço no bioreactor como uma cultura descontínua (tal como descrito na secção *II-7-1*), para estudar o comportamento desta estirpe no bioreactor, o crescimento foi representado na Tabela (18) e ilustrado pela Fig. (20). Foram calculados diferentes parâmetros de crescimento, como se mostra na Tabela (18). Os resultados mostraram claramente que a estirpe de levedura testada cresceu exponencialmente durante as primeiras 12 horas de inoculação sem fase de atraso no bioreactor.

A taxa de crescimento específico calculada e a taxa de crescimento por hora desta estirpe quando cultivada em meio de melaço no bioreactor foram 0,092 h^{-1} e 1,10 h^{-1} para obter um fator de rendimento de 22,7%. Estes dados serão utilizados para calcular os diferentes parâmetros em batelada alimentada.

Tabela (18): Biomassa e parâmetros de crescimento de *S.cerevisiae* SCC cultivada em meio de melaço durante 24 h de incubação em frasco e fermentador.

Time (h)	Dry weight (g/l)
0	3.32 ± 0.10
4	5.12 ± 0.15
10	8.73 ± 0.10
12	10.00 ±0.2
14	10.12 ±0.15

Growth parameters	Value
Specific growth rate (μ)	0.092
Hourly growth rate (h^{-1})	1.10
Number of generations (N)	1.65
Doubling time (t_d) (h)	7.26
Yield of factor (Y)%	22.7

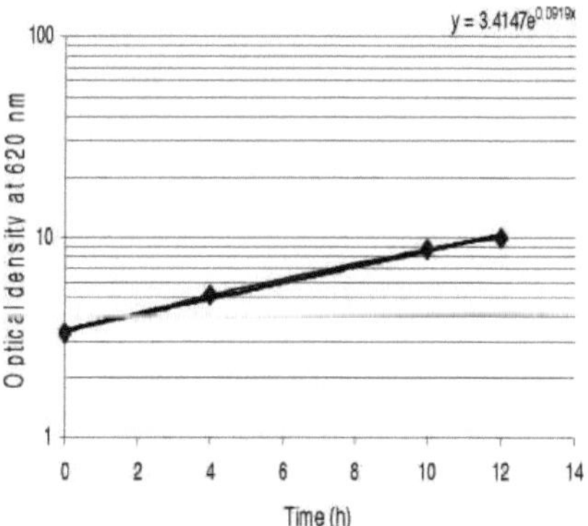

Fig (20): Equação em linha reta da estirpe SCC em melaço no bioreactor como uma cultura em lote.

III-8-2-Cultura em regime de lote alimentado

A percentagem de dados na Tabela (19) e na Fig. (21) mostra que o novo crescimento verdadeiro aumentou com o aumento do açúcar adicionado e registou o crescimento máximo após 4 h de adição, com 1,62 g/h.

Além disso, o fator de rendimento (quantidade de crescimento em base de peso seco por unidade de açúcar consumido) da estirpe *S.cerevisiae* SCC apresentou a mesma tendência. O valor mais elevado foi registado com a adição de 3,22 g de açúcar/h (7,00 ml de melaço/h), sendo de 49,54, diminuindo depois com o aumento da concentração de açúcar adicionada. O rendimento efetivo (quantidade de biomassa seca por unidade de açúcar original) apresentou a mesma tendência, tendo o pico sido registado às 3 e 4 h. Pode também acrescentar-se que o fator de rendimento final da cultura em descontínuo alimentada foi superior ao fator de rendimento da cultura em descontínuo, sendo 37,47 e 22,7 %, respetivamente.

A partir dos resultados anteriores, pode concluir-se que a técnica de cultura em descontínuo alimentada aumenta a eficiência da estirpe *S.cerevisiae* SCC na utilização do açúcar. Por conseguinte, o fator de rendimento aumenta para 49,54% e 2,18 vezes mais do que a cultura em descontínuo.

Diferentes relatórios concluíram que *a S.cerevisiae* SCC cultivada em meio de melaço por cultura em descontínuo alimentada, deu maior produtividade e fator de rendimento do que o observado por cultura em descontínuo. Devido ao facto de, nas culturas aeróbias em descontínuo, normalmente cerca de 70% da glucose disponível ser fermentada em etanol e CO_2 , 20% ser incorporada na biomassa, 8% ser utilizada na produção de glicerol e apenas 2% produzir CO_2 e H_2O através da fosforilação oxidativa no interior das mitocôndrias (Winderickx *et al,* 2003), enquanto que na cultura em descontínuo alimentado, a adição controlada do nutriente afecta diretamente a taxa de crescimento da cultura e permite evitar o metabolismo de excesso. Além disso, o processo em descontínuo alimentado permite evitar concentrações elevadas de inibidores (furfural e HMF) e não há perda de substrato ou biomassa.

Tabela (19): Crescimento novo verdadeiro (produtividade) e fator de rendimento em meio de melaço no fermentador como lote alimentado.

Tempo (h)	**Crescimento previsto (g células secas/1)**	**Novo crescimento previsto (g células secas/1)**	**Açúcar adicionado (g/h)**	**Melaço adicionado (ml/h)**	**Açúcar consumido (g\l)**	**Novo crescimento verdadeiro (g células secas/h/1)**	**Fator de rendimento (%)**	**Rendimento efetivo (%)**
0	5.50	-	-	-	-	-	-	-
1	6.05	0.55	2.42	5.26	2.40	0.27	11.25	11.16
2	6.66	0.61	2.69	5.84	2.68	1.26	47.00	46.84
3	7.32	0.66	2.91	6.32	3.17	1.50	47.31	51.54
4	8.05	0.73	3.22	7.00	3.27	1.62	49.54	50.31
5	8.85	0.80	3.52	7.65	3.50	1.62	46.29	46.02
6	9.74	0.89	3.92	8.52	3.50	1.48	42.29	37.76
7	10.71	0.97	4.27	9.28	3.50	0.50	37.47	11.71
Total	62.88	5.21	22.95	49.87	22.02	8.25	40.16	36.36

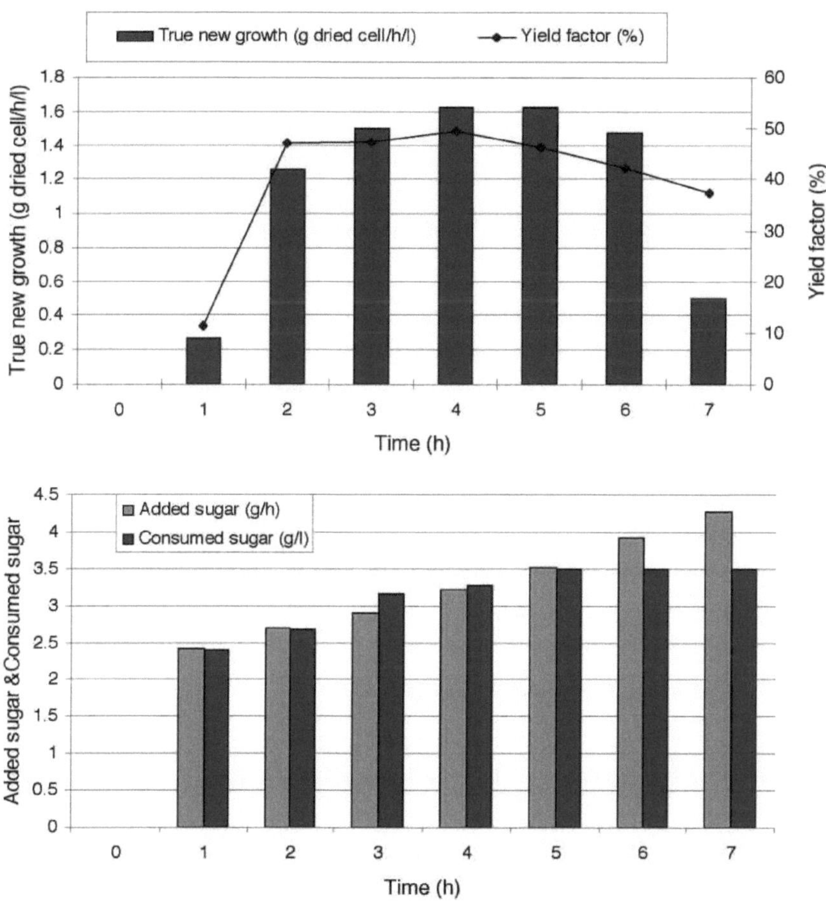

Fig (21): Biomassa e fator de rendimento de *S.cerevisiae* SCC cultivada em meio de melaço durante 7 h de incubação como uma cultura de lote alimentada.

III-9-Floculação de células de levedura

Depois de as células terem atingido o crescimento máximo em cultura em lote ou em cultura em regime de alimentação, as células foram separadas do meio para processamento posterior. Nesta etapa, foi investigado o efeito da concentração de iões Ca^{2+} , do peso seco da levedura e da agitação na CCS de *S.cerevisiae*.

III-9-1-Influência da concentração de cálcio na floculação

Existe um consenso geral de que, entre os catiões, o Ca^{2+} desempenha um papel central, sendo mais eficaz na promoção da floculação (Stratford, 1989). A concentração total de Ca^{2+} presente na formulação do meio deve ser suficiente para garantir o crescimento normal e a floculação. No entanto, uma fração da concentração total de Ca^{2+} foi absorvida pelas células em crescimento e o restante Ca^{2+} presente na solução pode estar livre ou complexado pelos produtos de excreção da levedura, nomeadamente ácidos orgânicos, libertados durante o crescimento. A concentração de Ca restante^{2+} foi provavelmente a mais baixa, uma vez que não se observou sedimentação da levedura, de acordo com Soares e Seynaeve (2000).

Foram adicionadas diferentes concentrações de $CaCl_2$ para ajustar a concentração de iões Ca^{2+} nos frascos para 2, 4, 8, 20 ou 50 mM de Ca^{2+} . No controlo, foi utilizado um volume igual de água desionizada ao volume de solução de cloreto de cálcio utilizado na experiência e a floculação foi acedida como descrito na secção *(II-7-6)*.

Os dados da Tabela (20) mostram que os valores mais elevados de células sedimentadas (41,12, 41,17 e 41,73 %) foram observados com a adição de 4, 8 e 20 mM de iões Ca^{2+} , o que resultou numa melhoria da sedimentação celular de 68,44, 68,66 e 70,95 %, respetivamente. Enquanto que o valor mais baixo (24,74 %) foi observado com 50 mM de Ca^{2+} , para 6,8 g/l de levedura de peso seco. Pode concluir-se que a adição de uma baixa concentração de iões de cálcio Ca^{2+} desempenha um papel importante na indução dos processos de floculação da *S.cerevisiae* SCC, como se mostra na Fig (22). Este resultado está de acordo com Mortier e Soares (2007), que verificaram que, na ausência de cálcio, não se registava sedimentação celular. No entanto, apenas uma pequena quantidade de cálcio foi necessária para provocar uma sedimentação celular máxima.

Tabela (20): Efeito da concentração de cálcio na floculação de *S.cerevisiae* SCC.

Concentração de ião cálcio (mM)	**Células sedimentadas (%)**	**Melhoria resolvida (%)**
0	24.41 ± 2.30	-
2	38.82 ± 3.10	59.03
4	41.12 ± 2.95	68.45
8	41.17 ± 3.12	68.66
20	41.73 ± 3.12	70.95
30	38.23 ± 3.56	56.66
50	30.44 ± 3.01	24.70

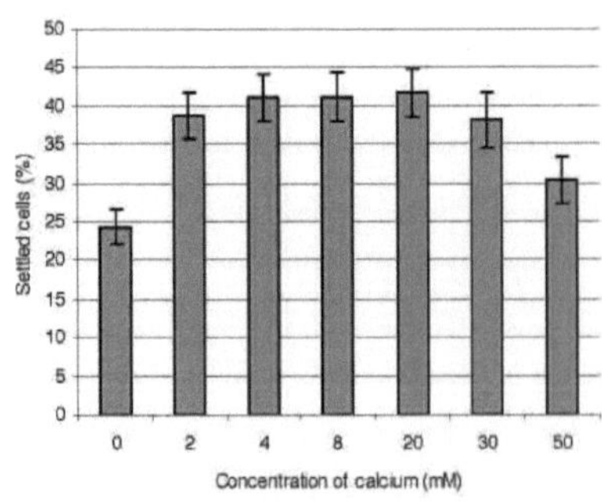

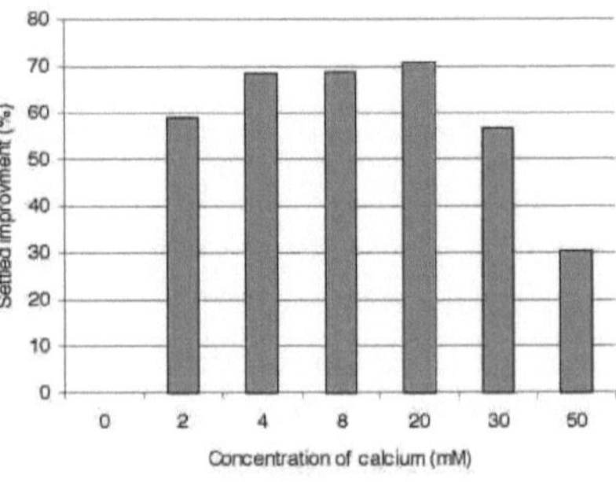

Fig (22): Efeito de diferentes concentrações de cálcio nas células sedimentadas (%) de *S.cerevisiae* SCC e melhoria sedimentada (%).

III-9-2-Influência do peso seco da levedura

A fim de otimizar as condições de floculação das células de levedura, foram testadas diferentes quantidades de biomassa (1, 3, 5, 6,8 e 8,5 g/l de peso seco de levedura) com a melhor concentração de ião Ca^{+}. O aumento do peso seco das células na mistura levou a um aumento da percentagem de células sedimentadas para atingir o máximo com 3 e 5 g/l de peso seco das células, sendo 68,0 % e 44,98 % melhorado em comparação com o controlo, como se mostra na Tabela (21) e na Fig. (23). Este resultado está de acordo com Machado *et al.* (2008), que concluiu que a quantidade de células em solução é um fator-chave para um processo de separação rápido e eficiente

Tabela (21): Efeito do peso seco das células de *S.cerevisiae* SCC nos processos de floculação.

Peso seco das células (g/l)	**Peso seco das células sedimentadas (g/l)**	**Células sedimentadas (%)**	**Melhoria resolvida (%)**
1	0.33 ± 0.02	36.6	-21.96
3	2.04 ± 0.08	68.0	44.98
5	3.40 ± 0.10	68.0	44.98
6,8 (controlo)	3.34 ± 0.09	46.9	-
8.5	3.71 ± 0.11	43.6	-7.03

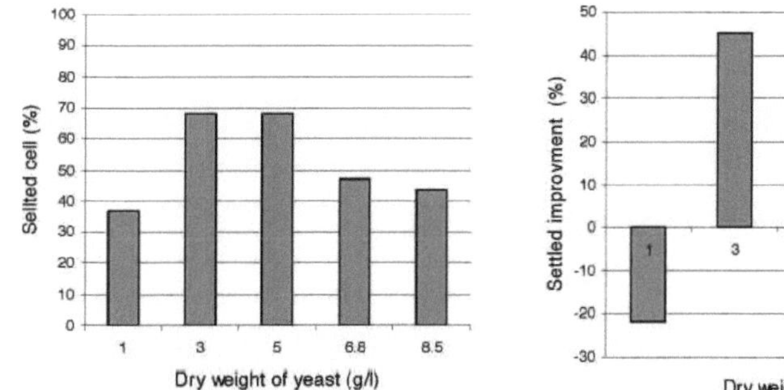

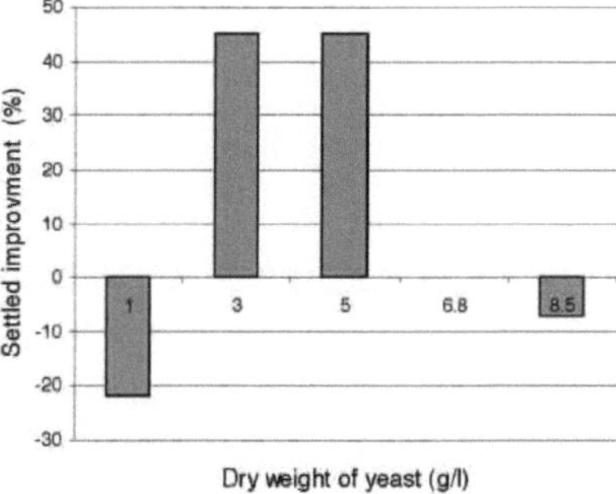

Fig (23): Efeito do peso seco das células de *S.cerevisiae* SCC nos processos de floculação.

III-9-3-Influência da agitação nos processos de floculação

Nesta experiência, foram adicionados 4 mM de iões de cálcio sob a forma de cloreto de cálcio à cultura de levedura e agitada a 150 rpm durante 1h, depois o agitador foi parado e a percentagem de células sedimentadas foi medida após 30 min. No controlo, foi adicionado um volume igual de água desionizada ao volume da solução de cloreto de cálcio utilizada na experiência.

Os dados da Tabela (22) mostram que, após 1 hora de agitação a 150 rpm, ocorreu uma sedimentação fraca para as células do controlo (17,6 %), ao passo que se verificou uma sedimentação muito forte (97 % de células sedimentadas) após 30 minutos de paragem da agitação (Fig. 24), para 5 g/l de peso seco de células e uma melhoria de 5,51 vezes em comparação com o controlo (sem ião cálcio). A agitação permite aumentar a energia cinética das células e ultrapassar a repulsão mútua de cargas negativas entre as células (Stratford, 1992).

Finalmente, no caso da estirpe utilizada neste trabalho, a concentração de iões de cálcio, o peso seco das células e a agitação utilizada foram de 4 mM, 3-5 g/l e 150 rpm, respetivamente. Estas condições devem ser utilizadas para se obter uma elevada eficiência do processo de floculação.

Tabela (22): Efeito da agitação na floculação de *S.cerevisiae* SCC.

Tratamentos	Peso seco das células sedimentadas (g/l)	Células sedimentadas (%)
Células sem iões Ca $+^{2}$	0.88 ± 0.02	17.6
Células com iões Ca^{2} + (4mM)	4.85 ± 0.12	97

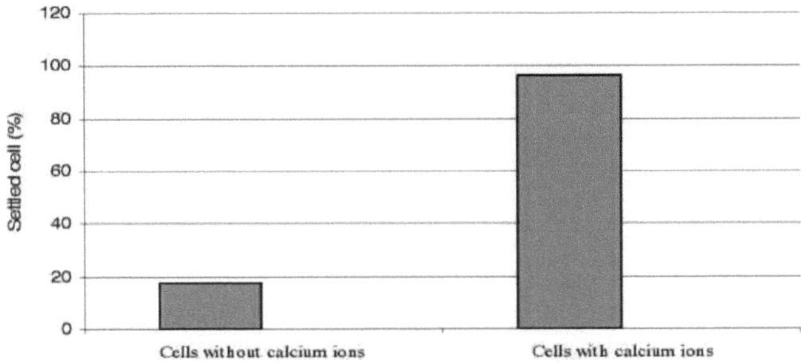

Fig (24): Efeito da agitação na floculação de *S.cerevisiae* SCC.

III-IO-Composição bioquímica de S.cerevisiae SCC

A composição bruta da levedura é bastante variável. A percentagem de hidratos de carbono, minerais, lípidos, proteínas e ácidos nucleicos nas células de levedura depende da composição do meio e da taxa de crescimento. O objetivo desta etapa foi estudar o efeito do meio nutritivo na composição bioquímica (quantitativa e qualitativa) de *S.cerevisiae* SCC, produzida em meio de melaço, de acordo com a secção *(II-7-5)*.

A composição bioquímica do *S.cerevisiae* SCC foi registada e ilustrada na Tabela (23) e na Fig. (25). *A S.cerevisiae* SCC era rica em hidratos de carbono e proteínas, com 35% e 38% do peso seco, respetivamente, enquanto o teor de lípidos, cinzas e ADN e ARN era de 8,0, 8,0 e 5,86, respetivamente. Assim, quando os resultados anteriores foram comparados com a estirpe padrão *de S.cerevisiae*, verificou-se que a estirpe SCC continha 31,03, 16,88 e 23,53 % de proteínas, lípidos e cinzas, respetivamente, mais do que a estirpe padrão.

Tabela (23): Composição bioquímica de *S.cerevisiae* SCC produzida em meio de melaço utilizando cultura em regime de lote alimentado.

	Proteína (%)	ADN+ARN (%)	Lípidos (%)	Hidratos de carbono (%)	Cinzas (%)

S.cerevisiae SCC	38	5.86	8	35	8
S.cerevisiae Padrão*	29	5.94	7.7	39	6.4
Diferença (%)	31.03	-1.35	16.88	-10.26	23.53

(*Composição de *S.cerevisiae* de acordo com Brown *et al*, 1996)

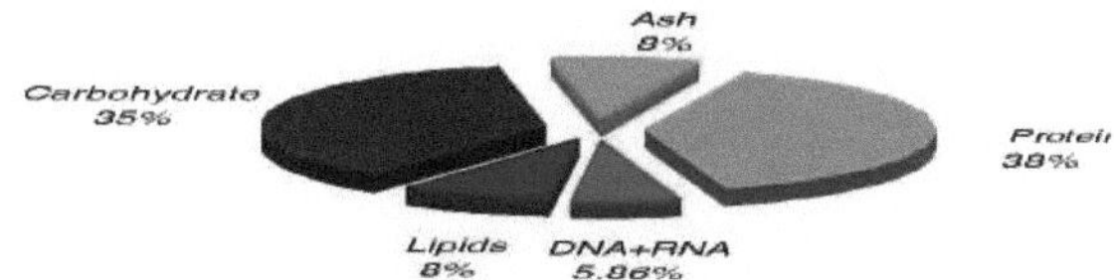

Fig (25): Composição bioquímica de *S.cerevisiae* SCC produzida em meio de melaço utilizando cultura em regime de lote alimentado.

O conteúdo de elementos da *S.cerevisiae* SCC é apresentado na Tabela (24). Os iões predominantes foram o fósforo e o potássio (750, 2150 mg/100g de levedura seca, respetivamente). O magnésio (165 mg/100g), o zinco (8 mg/100g), o manganês (1 mg/100g), o sódio (88,2 mg/100g) e o enxofre (2 mg/100g) foram detectados em valores baixos (Fig. 26). Estes valores dependem da composição da matéria-prima utilizada para o crescimento da levedura.

Tabela (24): Conteúdo mineral de *S.cerevisiae* SCC (mg /100g de levedura seca).

Minerais (mg/100g)	P	S	K	Mg	Zn	Mn	Na
(mg/100g)	750	2	2150	165	8	1	88.2

O perfil de aminoácidos de *S.cerevisiae* SCC cultivado em meio de melaço utilizando a técnica de cultura em lote alimentado é apresentado na Tabela (25) e ilustrado pela Fig. (27). Foram detectados 17 aminoácidos. 10 deles eram aminoácidos essenciais, como a arginina, histidina, isoleucina, prolina, metionina, fenilalanina, lisina, leucina, treonina e triptofano, responsáveis pelo elevado valor biológico da levedura seca, e os outros eram aminoácidos não essenciais, como a alanina, aspartato, cistina, glutamato, glicina, tirosina e serina. O glutamato tinha a concentração mais elevada, 21,6% do total de aminoácidos, enquanto os outros aminoácidos variavam entre 1,2 e 11,6% do total de aminoácidos.

Os dados do quadro (26) mostram que o teor de ácidos gordos monoenóicos (40,30 % do total de ácidos gordos) foi superior ao teor de ácidos gordos saturados (32,44 % do total de ácidos gordos). O teor de ácidos gordos polinsaturados foi baixo (20,42% do total de ácidos gordos). O ácido gordo dominante no SCC *da S.cerevisiae* foi o 18:0, esteárico, (19,70 % do total de ácidos gordos), seguido do 16:1, oleico, (15,67 % do total de ácidos gordos) e do 16:0, plamático, (12,21% do total de ácidos gordos), como se mostra na Fig. 26. A estirpe de levedura utilizada, a composição do meio, a temperatura e o arejamento utilizados influenciam em grande medida os níveis finais de ácidos gordos, o comprimento da cadeia de carbono e o nível de saturação (Suomalainen e Lehtonen, 1979).

No que diz respeito à composição bruta dos microrganismos, é amplamente aceite que as diferenças nas espécies, condições de cultura e/ou métodos analíticos dificultam a comparação dos resultados apresentados por diferentes autores.

Tabela (25): Teor de aminoácidos (% de aminoácidos) da estirpe SCC de *S.cerevisae*.

Aminoácido		%
Aminoácidos não essenciais	Alanina	3.2
	Aspartato	11.6
	Cistina	1.0
	Glutamato	21.6
	Glicina	3.0
	Serina	5.1
	Tirosina	2.6
Aminoácidos essenciais	Arginina	6.7
	Histidina	4.1
	Isoleucina	11.5
	Leucina	4.6
	Lisina	8.0
	Metionina	1.5
	Fenilalanina + Triptofano	8.9
	Prolina	2.6
	Treonina	4.2

Tabela (26): Teor de ácidos gordos (% do total de ácidos gordos) da estirpe SCC de *S.cerevisiae*.

Ácidos gordos			%
Saturado	Mirístico	(14:0)	0.53
	Palmítico	(16:0)	12.21
	Esteárico	(18:0)	19.70
		Σ	***32.44***
Monoenóico	Caproléico	(10:1)	8.63
	Físico	(14:1)	0.67
	Lauroléico	(12:1)	9.10
	Palmitoleico	(16:1)	6.14
	Oleico	(18:1)	15.76
		Σ	***40.3***
Polinsaturados	Linoleico	(18:2)	11.94
	A-linolénico	(18:3)	8.48
		Σ	**20.42**

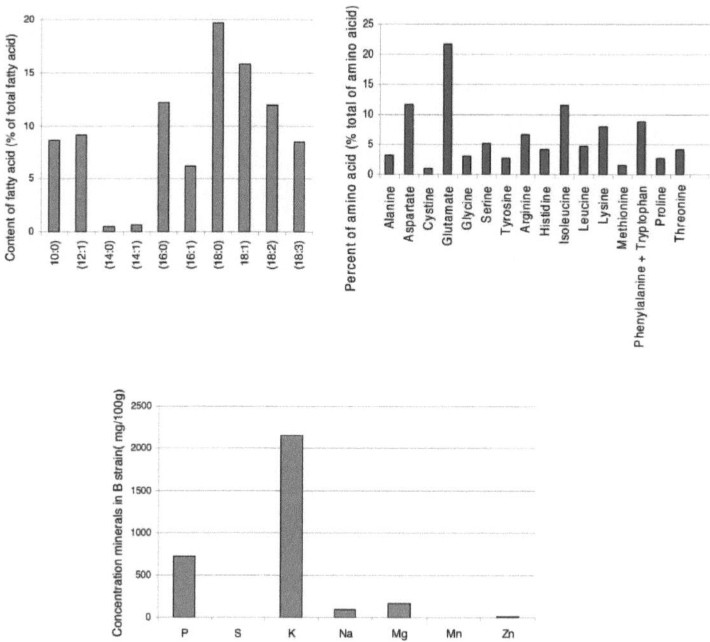

Fig (26): Teor de minerais, aminoácidos e ácidos gordos de *S.cerevisiae* SCC produzido em meio de melaço utilizando cultura em regime de lote alimentado.

III-Il-Melhoria da capacidade antioxidante das células de levedura

A partir dos resultados obtidos na secção *(*III-6-1*)*, observou-se que o cultivo de *S.cerevisiae* SCC em meio contendo melaço como fonte de carbono (tal como é feito na produção comercial de levedura de padeiro) deu origem a um baixo teor de antioxidante, pelo que as experiências seguintes visaram aumentar a capacidade antioxidante através da aplicação de potencial hiperosomático nas células e da adição de NaCl ou selénio inorgânico ao meio de crescimento

III-11-1-Efeito do cloreto de sódio (NaCl)

As células de levedura foram cultivadas em meio de melaço suplementado com diferentes concentrações de cloreto de sódio (1, 2, 3, 4 e 5 %), tal como descrito na secção *(II-7-3)*. Os resultados apresentados na Tabela (27) e na Figura (27) indicam que o peso seco das células da estirpe *S.cerevisiae* SCC produzidas após 24 h de incubação diminuiu à medida que a concentração de NaCl aumentou no meio. A diminuição máxima foi observada a 4 % de NaCl, resultando numa redução de 87,2 % em comparação com o controlo. Enquanto que 5 % de NaCl inibiu completamente o crescimento da estirpe *S.cerevisiae* SCC. O maior crescimento na presença de NaCl foi observado a 1 % de NaCl (4,10 g/l) e seguido pelo meio contendo 2 % de NaCl, com 2,7 g/l.

Por outro lado, o glicerol e o poder de gaseificação aumentaram com o aumento da concentração de NaCl no meio de crescimento, tendo atingido o máximo de 220 mg/g de células secas e 44 cm^3 a 2 % de NaCl, respetivamente. Acima desta concentração, o teor de glicerol e o poder de gaseificação diminuíram novamente. Além disso, o teor de glutatião reduzido aumentou à medida que o teor de NaCl diminuiu e registou os valores mais elevados a 1 % de NaCl e 18 mg/g de células secas. Assim, pode afirmar-se que o crescimento da estirpe *S.cerevisiae* SCC na presença de 2 % de NaCl melhorou o teor de glutatião desta estirpe em 30,76 % quando comparado com o controlo.

Num estudo semelhante, Polona *et al,* (2006) verificaram que a levedura *Saccharomyces cerevisiae* ZIM 2155 foi exposta a NaCl numa concentração de 1-8% (w/v). Acrescentaram ainda que o aumento da produção de espécies reactivas de oxigénio nas células expostas a 6, 7 e 8% de NaCl durante 1 h (1,3 vezes, 1,9 vezes e 2,8 vezes, respetivamente) conduziu a um teor elevado de glutatião na forma reduzida (119,1%, 122,6%, 141,5%, respetivamente).

Tabela (27): Efeito da concentração de NaCl na biomassa da estirpe SCC, conteúdo de GSH e glicerol quando cultivada em meio de melaço em frascos com agitação a 30°C como cultura em lote.

Concentração de NaCl (%) no meio	**Biomassa (g/l)**	**Teor de GSH (mg/g célula seca)**	**Teor de glicerol (mg/g célula seca)**	**Poder de gaseificação (Cm)³**
0	5.0 ± 0.41	13 ± 1.1	25.0 ± 1.5	39 ± 2.0
1	4.10 ± 0.32	18 ± 0.9	86.4 ± 2.1	41± 2.0
2	2.70 ± 0.25	17 ±1.0	220 ± 2.4	44 ± 2.0
3	1.03 ± 0.16	7.7 ± 0.87	207 ± 2.7	32 ± 1.5
4	0.64 ± 0.08	6.0 ±1.0	109 ± 2.9	20 ± 2.2
5	0.040	-	-	-

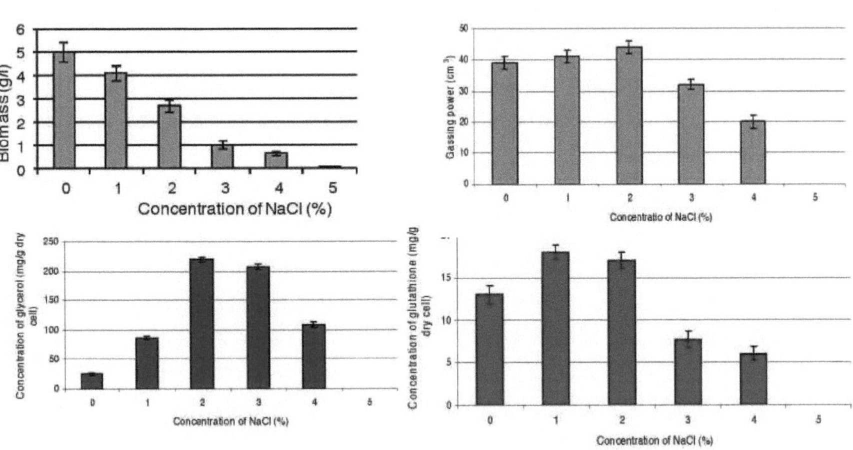

Fig (27): Peso seco das células da estirpe SCC *de S.cerevisiae*, teor de glicerol, poder de gaseificação e glutatião após 24 h de incubação em meios contendo diferentes concentrações de NaCl a 30 °C, utilizando frascos agitados como cultura descontínua.

III-11-2-Efeito do potencial hiperosmótico no nível de glutatião e glicerol

Os dados apresentados na Tabela (28 & 29) e ilustrados na Fig (28) mostram o efeito do potencial osmótico (por glucose) na glutationa (substância antioxidante) e no conteúdo de glicerol nas células de levedura.

Os dados mostram que o teor de glutatião (GSH) aumentou gradualmente durante 60 minutos de incubação em meio contendo 10 % de glucose, enquanto que diminuiu em meios contendo 20 ou 30 % de glucose ao mesmo tempo, em comparação com o controlo. Os valores mais elevados do teor de GSH foram registados após 120 minutos em meio contendo 10 % de glucose, seguido de 20 %, sendo 35,32 mg/g de células secas (2,39 vezes) e 26,0 mg/g de células secas (1,97 vezes), respetivamente. O aumento do tempo de incubação para mais de 120 minutos levou a uma ligeira diminuição do teor de GSH nestas concentrações de glucose, exceto no meio com 30 % de glucose, que atingiu o teor máximo após 180 minutos e depois diminuiu.

Pelo contrário, o teor de glicerol em todas as concentrações aumentou acentuadamente durante os primeiros 30 minutos de incubação. O teor de glicerol manteve-se aproximadamente constante durante os 30 minutos seguintes em meio com 10 % (202 mg/g de células secas) ou 20 % de glucose (220 mg/g de células secas), diminuindo depois com o aumento do tempo de incubação para além dos 60 minutos. O teor máximo de glicerol foi registado aos 90 minutos em meio contendo 30 % de glicerol, sendo 230 mg/g de células secas.

O aumento do teor de GSH e de glicerol nas células de levedura quando expostas ao potencial osmótico pode dever-se ao facto de as células de levedura terem acumulado estas substâncias para reduzir o efeito negativo do potencial osmótico e para compensar o desequilíbrio entre o meio e o interior das células. Mager e Siderius (2002) descobriram que o glicerol é o principal soluto compatível da levedura. Além disso, o metabolismo do glicerol desempenha um papel importante no equilíbrio redox.

Na mesma tendência, o aumento do potencial osmótico no meio aumenta o poder de gaseificação. Assim, os valores mais elevados do poder de gaseificação foram registados a 20 e 30 % de glucose, sendo 66 cm^3 após 30 minutos ou 71 cm^3 após 60 minutos de incubação, respetivamente. O aumento do poder de gaseificação pode ser devido ao elevado teor de glicerol intracelular, como se mostra na Tabela (29 & 30) e na Fig. (28). Este resultado está de acordo com Hirasawa e Yokoigawa, (2000), que encontraram uma correlação elevada entre o teor de glicerol intracelular e a capacidade de fermentação após o tratamento osmótico, o que sugere que o glicerol acumulado durante o tratamento hiperosmótico foi utilizado na fermentação subsequente como substrato e, consequentemente, aumentou a capacidade de fermentação.

Este tratamento melhorou o teor de GSH (antioxidante), o poder de gaseificação e o teor de glicerol das células de levedura, o que pode prolongar o tempo de armazenamento das células de levedura quando armazenadas como massa, de acordo com Izawa *et al,* (2004).

Tabela (28): Efeito do potencial hiperosmótico no conteúdo de glutatião na estirpe *S.cerevisiae* SCC quando cultivada em meio de melaço num fermentador a 30°C como cultura em lote.

Tempo de incubação (min)	**Teor de glutatião (mg/g de células secas) em diferentes concentrações de glucose**			
	0 % de glucose	**10 % de glucose**	**20 % de glucose**	**30 % de glucose**

0	14.50 ± 0.27	14.80 ± 0.61	14.50 ± 0.7	14.30 ± 0.60
30	14.30 ± 0.25	15.80 ± 0.63	11.66 ± 0.6	10.33 ± 0.60
60	14.60 ± 0.45	20.50 ± 0.55	14.50 ± 0.3	12.16 ± 0.4
90	14.50 ± 0.29	26.83 ± 0.85	22.0 ± 0.6	15.50 ± 0.55
120	14.70 ± 0.43	35.32 ± 0.65	26.0 ± 0.82	18.63 ± 0.55
150	14.60 ± 0.28	35.30 ± 0.72	25.60 ± 0.65	21.50 ± 0.52
180	14.50 ± 0.41	34.16 ± 0.91	24.16 ± 0.73	24.30 ± 0.70
210	14.60 ± 0.25	31.16 ± 0.95	21.16 ± 0.63	24.20 ± 0.20

Tabela (29): Efeito do potencial hiperosmótico no conteúdo de glicerol na estirpe *S.cerevisiae* SCC cultivada em meio de melaço num fermentador a 30°C como cultura em lote.

Tempo de incubação (min)	**Teor de glicerol (mg/g célula seca) em diferentes concentrações de glicose**			
	0 % de glucose	**10 % de glucose**	**20 % de glucose**	**30 % de glucose**
0	18 ±1.58	18.4 ±1.5	18 ±1.8	18 ± 2.2
30	18 ±1.87	202 ± 4.5	220 ± 4.4	206 ± 2.0
60	20 ±1.74	200 ± 5.0	222 ± 5.1	228 ± 5.0
90	17 ±1.58	182 ± 6.0	198 ± 4.1	230 ± 3.5
120	16 ±1.85	172 ± 4.8	180 ± 3.8	200 ± 3.0

Tabela (30): Efeito do potencial hiperosmótico no poder de gaseificação da estirpe *S.cerevisiae* SCC quando cultivada em meio de melaço num fermentador a 30°C como cultura em lote.

Tempo de incubação (min)	**Poder de gaseificação (cm^3) em diferentes concentrações de glucose**			
	0 % de glucose	**10 % de glucose**	**20 % de glucose**	**30 % de glucose**
30	38 ± 2.0	49 ± 1.0	66 ± 2.0	40 ± 2.0
60	38 ± 1.0	49 ± 1.5	47 ± 1.3	71 ± 1.0
90	37 ± 2.1	39 ± 1.6	40 ± 2.12	37 ± 1.15

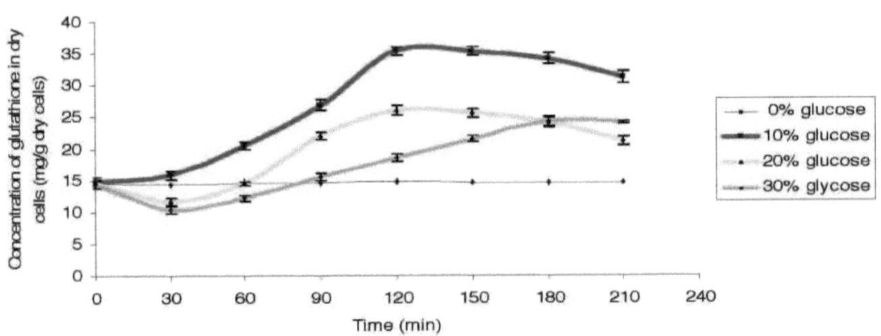

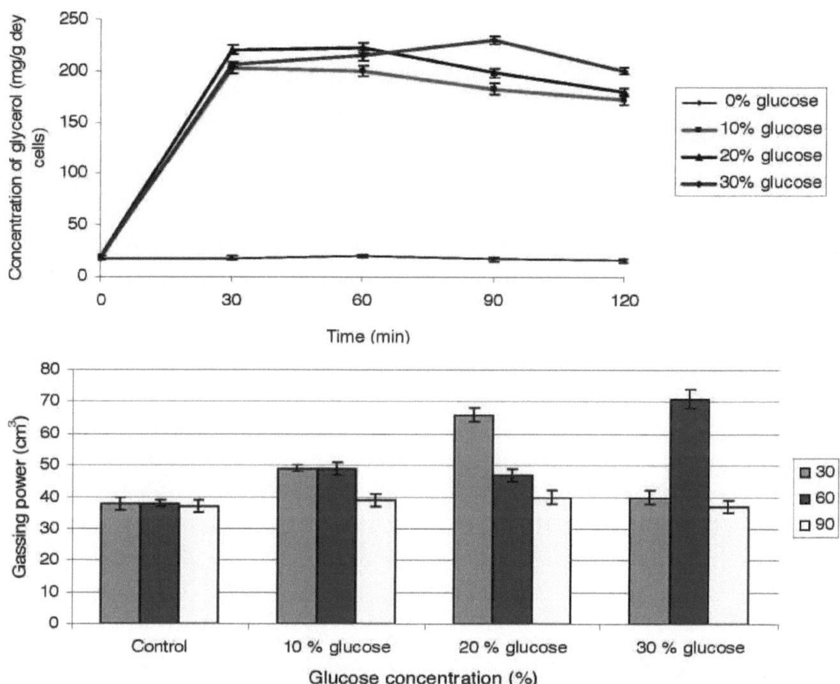

Fig(28): Efeito do potencial hiperosmótico na glutationa reduzida, no teor de glicerol e no poder de gaseificação da estirpe *S.cerevisiae* SCC quando cultivada em meio de melaço num fermentador a 30°C como cultura descontínua.

III-11-3-Produção de levedura de selénio em meio de melaço

As células de levedura foram cultivadas no meio de melaço com diferentes concentrações de selénio (0,5 a 2,0 µg Se/ml); que foi adicionado no momento zero ou após 24 h de incubação.

Os resultados da Tabela (31) mostram que o conteúdo de selénio orgânico nas células cultivadas em meio contendo (0,5, 1,0 e 2,0 µg Se/ml) foi de 21, 31 e 67 µg Se/g de peso seco de levedura. A concentração de selénio orgânico nas células sujeitas a selénio (0,5, 1,0 e 2,0 µg Se/ml) após 24 h de incubação foi baixa (4, 6,9 e 5 µg Se/g de peso seco de levedura). Não foi observado qualquer efeito claramente inibitório no crescimento ou no poder de gaseificação das células em todas as concentrações de selénio, em comparação com a experiência de controlo (Fig. 29).

Nesta experiência, a adição de selénio no tempo zero deu um teor de selénio mais elevado nas células de levedura do que o observado após 24 horas, em contraste com os resultados da experiência anterior (em meio basal). Estas diferenças podem ser devidas à saturação da superfície das células de levedura com diferentes elementos durante o cultivo em meio de melaço.

Assim, a levedura de selénio produzida contém níveis elevados de selénio orgânico que podem atingir o nível tóxico se adicionados à massa no processo de panificação, pelo que sugerimos que a levedura enriquecida com selénio produzida possa ser adicionada ou misturada com levedura de padeiro sem selénio durante o processo de produção para controlar o nível de selénio no produto final para ser seguro quando utilizado em produtos de panificação.

Tabela (31): Enriquecimento de *S.cerevisiae* SCC cultivada em melaço por adição de selénio no tempo zero e após 24 h.

Concentração de Se (µg/ml)	Teor de Se em peso seco (µgZg)		Peso seco (g/l)		Poder de gaseificação (cm)[3]	
	A zero tempo	Depois de 24 h	No tempo zero	Depois de 24 h	A zero tempo	Depois de 24 h
0	2.5 ± 0.1	2.0 ± 0.2	4.97 ± 0.1	5.0 ± 0.4	37 ± 2	38 ± 1
0.5	21 ± 3.0	4.0 ± 1.0	5.12 ± 0.3	4.96 ± 0.2	37 ± 1	38 ± 1
1	31 ± 3.0	6.9 ± 2.0	4.94 ± 0.3	4.94 ± 0.4	38 ± 1	37 ± 2
2	67 ± 5.0	5.0 ± 1.0	4.89 ± 0.5	4.93 ± 0.1	36 ± 2	38 ± 1

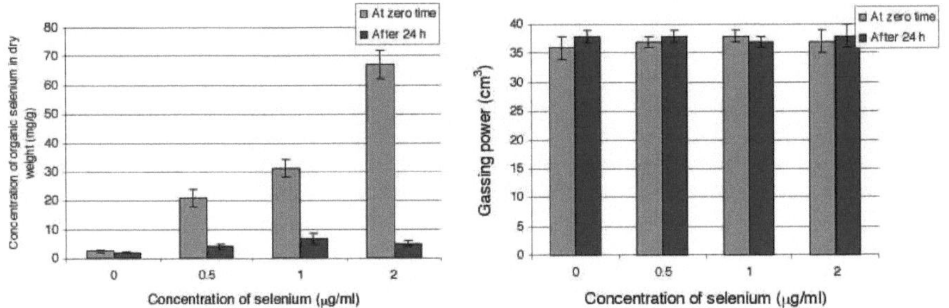

Fig (29): Efeito da adição de diferentes concentrações de selénio no tempo zero após 24 h no conteúdo de selénio orgânico e poder de gaseificação em *S.cerevisiae* SCC.

III-12-Estudo da biodisponibilidade de Se-yeast e da atividade da glutationa peroxidase

Este experimento teve como objetivo estudar a alimentação de ratos por quantidades iguais de levedura contendo diferentes concentrações de selênio (100, 200, 300 e 400 µg Se) que foram preparadas em nosso laboratório de acordo com o método descrito na seção *(II-8).* Estas doses de selénio são seguras para o ser humano, de acordo com o Comité Científico da Alimentação (SCF), que estabeleceu um Nível Superior de Ingestão Tolerável para o selénio de 300 Lig·-'dia (SCF, 2000), enquanto o Comité de Peritos em Vitaminas e Minerais do Reino Unido derivou um nível superior seguro de 450 µg/dia para o selénio total (EVM, 2003). O Conselho de Alimentação e Nutrição dos EUA (FNB) estimou um nível de ingestão superior tolerável de 400 µg/dia (NAS, 2000). O selénio administrado aos ratos nesta experiência foi calculado de acordo com Paget e Barnes, (1964).

III-12-1-Avaliação toxicológica da levedura de selénio

III-12-1-1-Efeito da levedura enriquecida com selénio no aumento do peso corporal

dos ratos

As médias do ganho de peso corporal dos ratos do controlo negativo (G1) que receberam levedura sem selénio (G2) e levedura com selénio contendo diferentes concentrações de selénio durante 6 semanas (estudos de toxicidade aguda) são apresentadas no quadro (32) e ilustradas na figura (30).

O ganho de peso médio para G2, G3, G4, G5 e G6 foi de 174, 173, 170, 178 e 172 g, respetivamente. A análise estatística mostrou que a diferença no ganho de peso entre os cinco grupos, comparada com o controlo, não foi significativa ($P<0,05$). Os dados obtidos estão de acordo com os resultados de Venardos *et al,* (2004), que verificaram que o peso corporal dos ratos não diferia significativamente quando alimentados com dietas contendo selénio.

Tabela (32): Crescimento de ratos alimentados com diferentes concentrações de selénio durante 6 semanas.

Grupos	**Peso inicial (g)**	**Peso final (g)**
Gl (controlo negativo)	$122^a \pm 9,10$	$172^a \pm 9,00$
G2 (controlo positivo)	$123^a \pm 9,10$	$174^a \pm 14,0$
G3 (0,9 µg Se/100g PV/dia)	$121^a \pm 6,80$	$173^a \pm 14,2$
G4 (1,8 µg Se/100g PV/dia)	$122^a \pm 8,97$	$170^a \pm 10,90$
G5 (3,2 µg Se/100g PV/dia)	$126^a \pm 7,67$	$178^a \pm 11,70$
G6 (3,6 µg Se/100g PV/dia)	$123^a \pm 4.00$	$172^a \pm 6,00$

Cada valor representa a média ± SE.

As médias com a mesma letra não são significativamente diferentes ($p<0,05$).

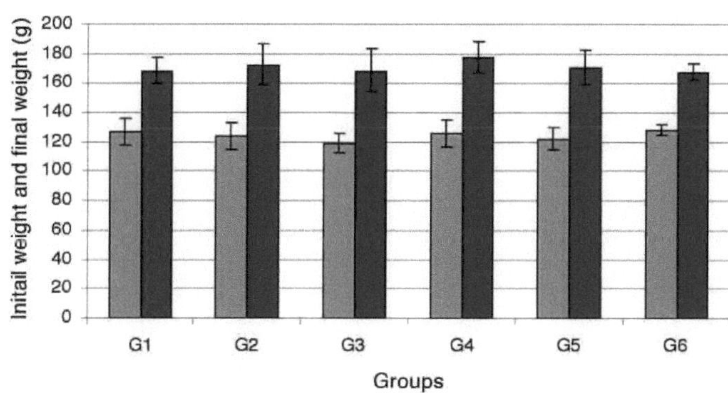

Fig (30): Efeito da suplementação com Se orgânico (como levedura de selénio) no peso corporal de ratos.

III-12-1-2-Efeito da levedura enriquecida com selénio no teor de selénio no soro e na atividade da glutationa peroxidase

A Tabela (33) e a Figura (31) resumem o conteúdo de selénio no soro e a atividade da glutationa peroxidase após 6 semanas. Esses dados mostram um aumento muito significativo do conteúdo de *Se* no soro, sendo 121,

201,26, 215,05 e 225,50 µg/l para G3, G4, G5 e G6, respetivamente. Os valores mais baixos de concentração de Se no soro foram registados no controlo negativo G1 (12,50 µg/l) e no controlo positivo G2 (13,10 µg/l).

O aumento do teor de selénio no soro levou a um aumento significativo na atividade da glutationa peroxidase *($p < 0,001$)* do G3 (29,23 U/mg de proteína), G4 (31,50 U/mg de proteína), G5 (32,10 U/mg de proteína) e G6 (40.18 U/mg de proteína), respetivamente, enquanto o G2 (16,80 U/mg de proteína), alimentado com uma dieta basal suplementada com levedura seca (sem selénio), não apresentou um aumento significativo da atividade da glutationa peroxidase em comparação com o G1 (16,10 U/mg de proteína) (grupo de controlo).

Os resultados também mostraram que a concentração de selénio no soro aumentou de 12,9 µg/l no G1 (grupo de controlo) para 201,26 µg/l no G4, enquanto a concentração de selénio aumentou ligeiramente no G5 (215,05 µg/l) e no G6 (225,50 µg/l). A análise de variância por ANOVA unidirecional (teste de Duncan) revelou que a atividade da glutationa peroxidase em G3, G4 e G5 não apresentou aumento significativo na atividade da glutationa peroxidase em comparação entre si. No entanto, a atividade da glutationa peroxidase em G6 mostrou um forte aumento significativo em comparação com o controlo (G1) e quando comparada com G3, G4 e G5.

Tabela (33): Teor de selénio no soro e atividade da glutationa peroxidase de ratos alimentados com diferentes concentrações de selénio durante 6 semanas.

Grupos	**Concentração de Se no soro (ppm)**	**Atividade da glutationa peroxidase (U/mg de proteína)**
G1 (controlo negativo)	12.50	$16,10^{a} \pm 2,0$
G2 (controlo positivo)	13.10	$16,80^{a} \pm 2,1$
G3 (0,9 µg Se/100g PV/dia)	121.00	$29,23^{b} \pm 2,3$
G4 (1,8 µg Se/100g PV/dia)	201.26	$31,50^{b} \pm 2,5$
G5 (3,2 µg Se/100g PV/dia)	215.05	$32,10^{b} \pm 2,6$
G6 (3,6 µg Se/100g PV/dia)	225.50	$40,18^{c} \pm 2,8$

Cada valor representa a média ± SE.

As médias com a mesma letra não são significativamente diferentes ($p<0,001$).

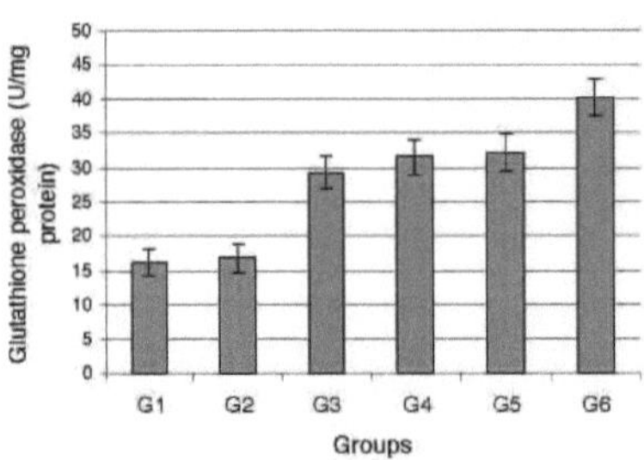

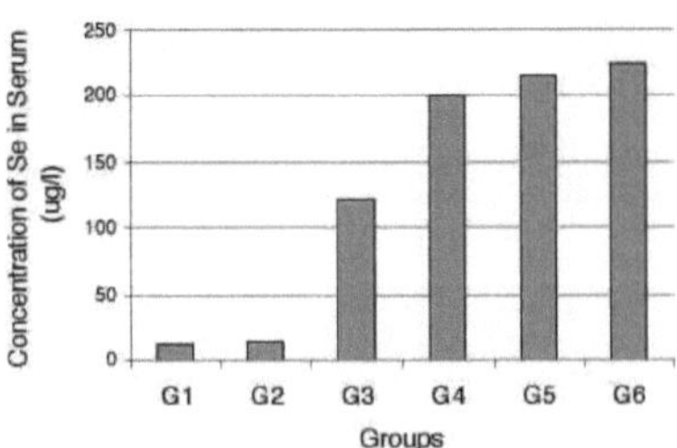

Fig (31): Teor de selénio no soro e atividade da glutationa peroxidase de ratos alimentados com diferentes concentrações de selénio durante 6 semanas.

III-12-1-3-Efeito de dietas com selénio na função hepática e renal

A tabela (34) mostra a função do fígado no soro. Os valores da albumina revelaram que existe um ligeiro aumento significativo no G5 (3,44 mg/dl) e no G6 (3,41 mg/dl), enquanto que não houve diferenças significativas entre o G2 (3,40 mg/dl), o G3 (3,34 g/dl) e o G4 (3,37 mg/dl) quando comparados com o G1 (3,28 mg/dl).

Além disso, não se registaram diferenças significativas entre os valores de proteínas, AST, ALT e ALK dos diferentes grupos. No entanto, os valores de AST e ALT variaram de 41,44 a 46,3 U/ml e de 9,4 a 11,32 U/ml, respetivamente. Enquanto que a atividade da fosfatase alcalina (ALK) variou entre 216 e 221,80 UI/l, o que indica que havia pouca possibilidade de lesão dos tecidos (Fig. 32). Ilyas *et al,* (2004): concluíram que o selénio pode desempenhar um papel importante na indicação preventiva da lesão celular hepática.

As concentrações de creatinina (nos rins) e de glucose no soro, mostradas na Tabela (35), indicam que não houve efeitos significativos da administração de selénio como Se-yeast (Fig. 32).

Resultados e conclusões paralelos foram obtidos por Yoshida *et al,* (1999) que alimentaram ratos Wistar machos com 4 semanas de idade com uma dieta deficiente em Se à base de levedura Torula (dieta basal) ou uma dieta suplementada com um nível gradual (0,04, 0,08, 0,16, e 0,32.MU.g/g) de Se como selenito de sódio ou Se-yeast, que foi obtido de duas fontes diferentes. Verificaram que a suplementação com Se não influenciou o crescimento, os valores hematológicos ou os testes bioquímicos séricos. O conteúdo de Se e as actividades de GSH-Pxe no fígado, no soro e nos eritrócitos aumentaram gradualmente com o aumento do Se suplementado.

Tabela (34): Quantidade de proteínas, albumina e actividades enzimáticas no fígado de ratos alimentados com diferentes concentrações de selénio durante 6 semanas.

Grupos	**Proteína (mg/dl)**	**Albumina (mg/dl)**	**AST (Unidades ml)**	**ALT (unidades ml)**	**ALK (UI/l)**
G1 (controlo negativo)	5,84ª ±Q.1Q	3,25ª ±Q.Q7	43,76ª ±3,2	1Q.6Qª ±1.6	217,71ª ±8,61
G2 (controlo positivo)	6.Q4ª ±Q.1Q	3,34ª ±Q.Q8	41,44ª ±2,9	11,12ª ±1,8	218.Q6ª ±6.14
G3 (0,9 µg Se/1QQg PV/dia)	5,82ª ±Q.Q9	3,35ª ±Q.Q7	44,40ª ±2,0	11.QQª ±1.5	221,8Qª ±3,95
G4 (1,8 µg Se/1QQg BW/dia)	6,13ª ±Q.Q8	3.4Qª ±Q.Q7	42,37ª ±3,1	11,32ª ±1,9	218,85ª ±8,70
G5 (3,2 µg Se/1QQg BW/dia)	6.Q3ª ±Q.11	3,47ᵇ ±Q.Q7	42,83ª ±2,9	1Q.42ª ±1.6	218.9Qª ±2.3Q
G6 (3,6 µg Se/1QQg BW/dia)	5,93ª ±Q.Q9	3,36ᵇ ±Q.Q8	46,30ª ±3,0	9.4Tª ±1.6	216.QQª ±5.98

Cada valor representa a média ± SE.

As médias com a mesma letra não são significativamente diferentes ($p<0,05$).

Tabela (35): Quantidade de creatinina e glucose de ratos alimentados com diferentes concentrações de selénio durante 6 semanas.

Grupos	**Creatinina (mg/dl)**	**Glicose (mg/dl)**
G1 (controlo negativo)	Q.8Qª ± Q.Q5	1Q1.Q4ª ± 1Q.3Q
G2 (controlo positivo)	Q.8Qª ± Q.Q5	1Q1.7Qª ± 11.5Q
G3 (0,9 µg SeZlQQg BW/dia)	Q.77ª ± Q.Q2	99.9Qª ± 1Q.1Q
G4 (1,8 µg Se/lQQg BW/dia)	Q.81ª ± Q.Q3	1T1.9Tª ± 4.9T

G5 (3,2 µg Se/lQQg BW/dia)	Q.79^{a} ± Q.Q3	1Q1.QQ^{a} ± 5.7Q
G6 (3,6 µg Se/lQQg BW/dia)	Q.79^{a} ± Q.Q4	1QQ.27^{a} ± 9.5Q

Cada valor representa a média ± SE.

As médias com a mesma letra não são significativamente diferentes (p<0,05).

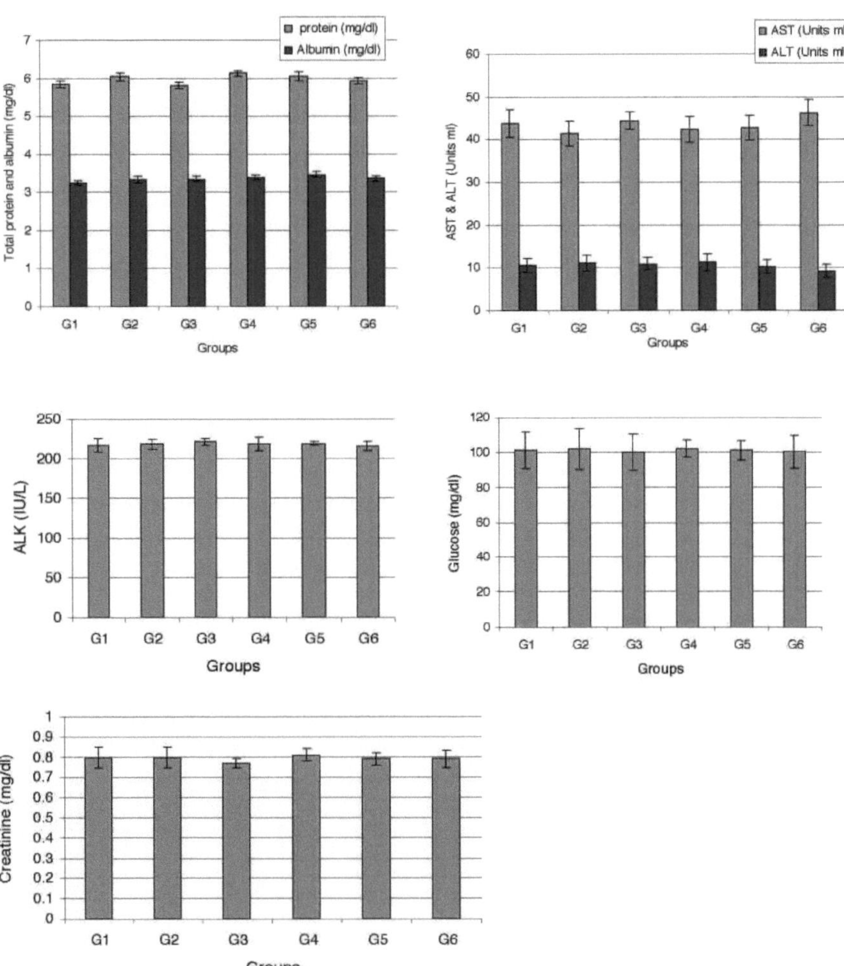

Fig (32): Quantidade de proteínas, albumina e actividades enzimáticas **(AST, ALT & ALk),** creatinina **(CK)** e glucose de ratos alimentados com diferentes concentrações de selénio durante 6 semanas.

III-12-1-4-Efeito de dietas com selénio na hemoglobina

Os dados da Tabela (36) e da Figura (33) indicam que, no G2, G3, G4 e G5, as concentrações de hemoglobina (Hb) foram 9,43, 9,10, 9,20 e 10,12 mmole/l, respetivamente. As diferenças desses valores não foram significativas em comparação com G1 (9,79 mmole / 1), enquanto um aumento significativo (*P* <0,001) na concentração de hemoglobina foi observado em G6 (11,46 mmole / l) que foi alimentado com 3,6 µg Se/100g BW / dia. O aumento da hemoglobina pode ser devido à associação da hemoglobina com a forma férrica do ferro (Fe^{3+}) que se chama metemoglobina, esta forma de hemoglobina não tem a capacidade de transportar oxigénio, com a sua ação antioxidativa, a selenoenzima GSH-pxe contribui para evitar a formação de metemoglobina (Hu, 1985). De acordo com Xia *et al.* (1992), que administraram 200 µg Se/dia sob a forma de levedura enriquecida com selénio, o selénio eritrocitário aumentou de aproximadamente 0,1 ng Se/mg de hemoglobina (Hb) para um patamar de aproximadamente 0,8 ng Se/mg Hb após 6 meses. Os autores concluíram que a suplementação com uma levedura enriquecida com selénio corrigiu eficazmente a deficiência de selénio sem qualquer indicação de acumulação a um nível associado a efeitos adversos. Além disso, Rotruck *et al,* (1972) concluíram que o selénio tem um papel na prevenção de danos oxidativos na membrana e na hemoglobina dos eritrócitos.

Tabela (36): Quantidade de hemoglobina de ratos alimentados com diferentes concentrações de selénio durante 6 semanas.

Grupos	**Hemoglobina (mmole/l)**
G1 (controlo negativo)	$9{,}79^{a} \pm 0{,}35$
G2 (controlo positivo)	$9{,}43^{a} \pm 0{,}37$
G3 (0,9 µg Se/100g PV/dia)	$9{,}10^{a} \pm 0{,}35$
G4 (1,8 µg Se/100g PV/dia)	$9{,}20^{a} \pm 0{,}38$
G5 (3,2 µg Se/100g PV/dia)	$10{,}12^{a} \pm 0{,}38$
G6 (3,6 µg Se/100g PV/dia)	$11{,}46^{b} \pm 0{,}41$

Cada valor representa a média ± SE.

As médias com a mesma letra não são significativamente diferentes (p<0,001).

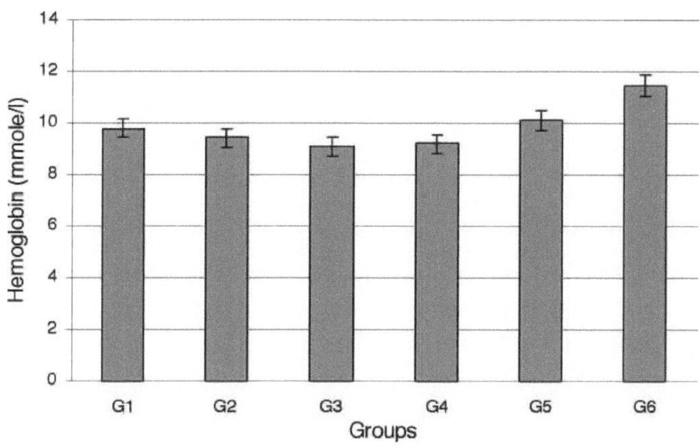

Fig (33): Quantidade de hemoglobina de ratos alimentados com diferentes concentrações de selénio durante 6 semanas.

III-12-1-5-Efeito das dietas com selénio no tecido cardíaco

Os estudos histopatológicos do tecido cardíaco revelaram que a estrutura histológica normal foi observada na fotografia (A) para o controlo negativo (G1) ou para o grupo positivo (G2) e não foram observadas alterações histológicas em cada rato que administrou levedura contendo diferentes concentrações de selénio para estudos de toxicidade aguda, como se mostra na Fig (34).

O presente estudo demonstrou claramente que a levedura enriquecida com selénio não teve qualquer toxicidade clínica ou mortalidade (estudos químicos e histopatológicos) no fígado, rim ou coração dos ratos tratados durante todo o período de tratamento (toxicidade aguda).

Com base nos resultados anteriores relativos à função renal e hepática, bem como nos estudos histopatológicos. Poder-se-ia recomendar a utilização da levedura de selénio (levedura de padeiro de alta qualidade contendo selénio) no processo de cozedura para controlar o nível de selénio no produto final como fonte de substância antioxidante nos alimentos para proteção contra diferentes doenças. Do ponto de vista económico, a utilização de levedura de selénio em vez de medicamentos com selénio permite poupar muito dinheiro e tempo.

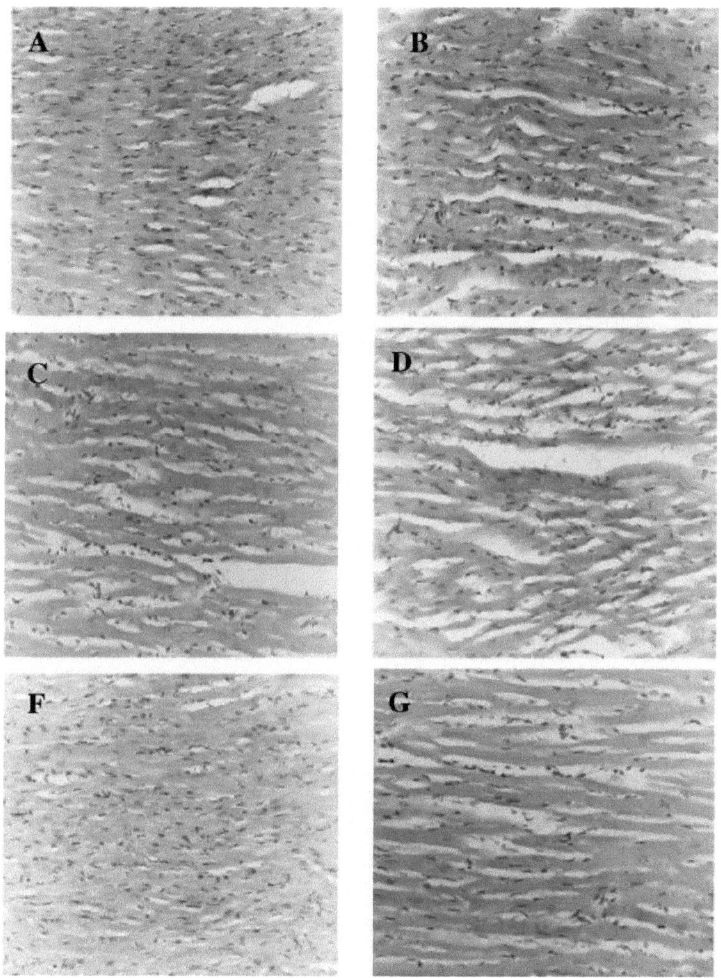

Fig (34): Histopatologia do coração, o grupo de controlo apresenta tecido normal (A); os grupos G2 (B); G3 (C); G4 (D); G5 (F) e G6 (G) apresentam tecido normal semelhante ao do grupo de controlo.

Conclusões gerais

Finalmente, este trabalho introduz um método fiável para a produção de leveduras com elevado teor de antioxidantes que podem ser aplicadas diretamente ao homem ou em diferentes produtos de panificação sem afetar as suas propriedades de panificação, e que podem contribuir para a proteção contra muitas doenças devido aos elevados níveis de glutatião ou compostos orgânicos de selénio que são considerados antioxidantes estáveis a altas temperaturas.

Foi efectuado um ensaio para aumentar os níveis de antioxidantes em células de levedura cultivadas em melaço através de diferentes procedimentos:

- As células de levedura foram cultivadas em diferentes concentrações de NaCl, e os resultados mostraram que a presença de 1 e 2 % de NaCl melhorou o conteúdo de antioxidante (glutatião) quando comparado com o controlo. Por outro lado, a presença das mesmas concentrações de 1 e 2 % de NaCl reduziu a biomassa, o que afectará negativamente o processo de produção.

- Para evitar a redução da biomassa, as células de levedura produzidas foram submetidas a um potencial hiperosmótico durante diferentes períodos. Os resultados mostraram que a incubação a 10% de glucose durante 120 minutos registou um aumento do nível de glutatião em relação ao controlo, este tratamento também melhorou o poder de gaseificação, o que pode ser devido ao aumento dos níveis de glicerol nas células de levedura.

- A levedura de selénio foi preparada quer pela adição de selénio ao meio de crescimento no tempo zero, quer pela adição de selénio após 24 h de incubação. O melhor resultado foi obtido pela adição de 2 ppm de selénio no tempo zero, onde as células da levedura armazenaram o nível mais elevado de selénio sem afetar o poder de gaseificação e a biomassa produzida. Métodos semelhantes foram aplicados ao melaço e os mesmos resultados foram obtidos com 2 ppm de selénio adicionado no tempo zero. A levedura de selénio produzida foi utilizada para alimentar ratos com diferentes concentrações de selénio na dieta. Com concentrações mais elevadas de selénio na dieta, os níveis de selénio no soro e a atividade da glutationa peroxidase aumentaram sem qualquer efeito negativo no crescimento, proteínas, AST, ALT, ALK, creatinina, glicose, hemoglobina e histologia do coração.

Resumo

- Foram isoladas, purificadas e identificadas sete estirpes de leveduras industriais activas de panificação seca de diferentes produtos, fabricados em diferentes países. Foram aplicados testes diferenciais, incluindo caraterísticas bioquímicas, morfológicas e fisiológicas, que facilitam a oportunidade de identificação das leveduras. Estas leveduras pertencem a *S. cerevisiae.*

- Todos os isolados foram submetidos ao método de seleção tradicional para avaliar a viabilidade, o tempo de redução, o poder de gaseificação e a cinética de crescimento. A estirpe *S.cerevisiae* SCC produziu a viabilidade mais elevada (99 %), a quantidade de gás (63 cm^3) e o parâmetro de crescimento, pelo que foi escolhida para um estudo mais aprofundado.

- Para a produção de levedura de padeiro, foi analisada a composição bioquímica do melaço. Na análise do teor de açúcar no melaço após os processos de clarificação, a concentração de açúcar diminuiu de 51 para 47,9%, devido à formação de subprodutos, como a desidratação de pentose e hexose em 2-furaldeído (furfural) e 5-hidroximetil-furfural (HMF), respetivamente. O espetro de infravermelhos mostrou uma área clara de aumento do pico de carbonilo de 94,66 para 148,35. Além disso, o rácio do grupo carbonilo aumentou de 0,0347 para 0,0426 após os processos de clarificação. Estes resultados indicaram fortemente o aumento da concentração de compostos aldeídicos após os processos de clarificação por ácido sulfúrico.

- O furfural é um inibidor importante no processo de fermentação. A fim de descobrir a concentração de furfural que inibe o processo de fermentação, foram adicionadas diferentes concentrações de furfural (0,05, 0,1, 0,3, 0,5, 1,0 e 1,5 mg/ml) ao meio de crescimento de *S.cerevisiae* SCC (meio basal). Os dados mostram claramente que não há diferença no crescimento de *S.cerevisiae* SCC em meios contendo 0,05 ou 0,1 mg/ml de furfural em comparação com o controlo durante as primeiras 12 horas de incubação. Mas, o aumento da concentração de furfural de 0,1 para 1,0 mg/ml levou a uma forte diminuição do crescimento da levedura durante o mesmo período de fermentação. O efeito inibitório máximo no crescimento da *S.cerevisiae* SCC foi observado ao adicionar 1,5 mg/ml de furfural ao meio, enquanto não se observou qualquer crescimento. Durante as 18 horas seguintes de incubação, o crescimento de *S.cerevisae* SCC em meio contendo 0,3 mg/ml de furfural aumentou até obter uma densidade ótica (D.O.) aproximadamente igual à obtida em meios contendo baixa concentração (0,05 ou 0,1 mg/ml) de furfural. No final do período de fermentação (48 h), as densidades ópticas das diferentes culturas (contendo diferentes concentrações de furfural) convergiram ou aproximaram-se.

Pode concluir-se que a estirpe *S.cerevisiae* SCC foi capaz de reduzir a toxicidade do furfural e recuperar de uma fase de atraso prolongada durante as primeiras 24 horas de incubação a uma concentração elevada de furfural. Uma vez recuperado o crescimento das células, a estirpe *S.cerevisiae* SCC foi capaz de consumir glucose e produzir biomassa.

Os dados mostram claramente que *a S.cerevisiae* SCC cultivada em meios contendo diferentes concentrações de furfural não teve um efeito real na atividade da maltase e na composição química (proteínas totais e hidratos de carbono totais).

- A atividade antimicrobiana da *S.cerevisiae* SCC foi investigada contra 7 organismos patogénicos testados, incluindo bactérias, fungos e outros géneros de leveduras. Os resultados indicaram que *a S.cerevisiae* SCC não produziu toxina assassina afetada contra todas as estirpes testadas. Além disso, todas as estirpes testadas não conseguiram inibir o crescimento da *S.cerevisiae* SCC.

- Comparámos a capacidade antioxidante total de *S.cerevisiae* cultivada em meios afectados por diferentes fontes de carbono. A capacidade antioxidante total foi muito mais elevada nas células respiratórias cultivadas em meios de etanol ou glicerol (açúcar não fermentado) do que nas células fermentativas cultivadas em meio de glucose ou melaço e sacarose (açúcar fermentado). A sequência dos valores da capacidade antioxidante total foi: etanol > glicerol > glucose > sacarose > melaço. Além disso, o cultivo da estirpe *S.cerevisiae* SCC em furfural (0,1 e 0,5 mg/ml) melhorou a capacidade antioxidante total em 15 e 11,66 % em comparação com o controlo. O aumento da concentração de furfural superior a 0,5 mg/ml levou a uma diminuição da capacidade antioxidante (53,62 %) em comparação com o meio que contém 0,1 mg/ml de furfural ou 52,23 % em comparação com o meio que contém 0,5 mg/ml de furfural, respetivamente.

- A taxa de crescimento específico calculada e a taxa de crescimento por hora desta estirpe quando cultivada em meio de melaço no bioreactor foram 0,092 h^{-1} e 1,10 h^{-1} para obter um fator de rendimento de 22,7%. Os dados relativos à cultura em regime de lote alimentado mostram que o novo crescimento real aumentou com o aumento do açúcar adicionado e registou o crescimento máximo após 4 h de adição

O valor mais elevado foi recodificado com a adição de 3,22 g de açúcar/h (7,00 ml de ***melaço/h)***, sendo de 1,62 g/h. Além disso, o fator de rendimento da estirpe *S.cerevisiae* SCC apresentou os mesmos resultados, mas o valor mais elevado foi registado com a adição de 3,22 g de açúcar/h (7,00 ml de melaço/h), sendo de 49,54 e diminuindo à medida que a concentração de açúcar adicionada aumentava. A partir dos resultados anteriores, pode concluir-se que a técnica de cultura em descontínuo alimentado aumenta a eficiência da estirpe *S.cerevisiae* SCC na utilização do açúcar. Por conseguinte, o fator de rendimento aumenta para 49,54 % e 2,18 vezes mais do que a cultura em descontínuo.

- No que diz respeito à floculação da levedura, os valores das células sedimentadas (40,9, 41,17 e 41,73 %) foram observados pela adição de 4, 8 e 20 mM de iões Ca^{2+} , o que resultou numa melhoria das células sedimentadas de 68,33, 68,66 e 70,95 %, respetivamente. Além disso, o aumento do peso seco das células na mistura levou a um aumento da percentagem de células sedimentadas para atingir o máximo com 3 e 5 g/l de peso seco das células, sendo 68,0% e 44,98% melhorado em comparação com o controlo. Durante 1 hora de agitação a 150 rpm, ocorreu uma sedimentação fraca para as células do controlo (17,6 %), enquanto se verificou uma sedimentação muito forte (97 % de células sedimentadas) após 30 minutos de paragem da agitação, para 5 g/l de peso seco de células e uma melhoria de 5,51 vezes em comparação com o controlo.

- As células de levedura foram cultivadas em meio de melaço suplementado com diferentes concentrações de cloreto de sódio. A diminuição máxima foi observada a 4% de NaCl, resultando numa redução de 87,2% em comparação com o controlo. Enquanto que 5 % de NaCl inibiu completamente o crescimento da estirpe

S.cerevisiae SCC. O maior crescimento na presença de NaCl foi observado a 1 % de NaCl (4,10 g/l) e seguido pelo meio contendo 2 % de NaCl, com 2,7 g/l. Além disso, o glicerol e o poder de gaseificação aumentaram com o aumento da concentração de NaCl no meio de crescimento, atingindo o máximo de 220 mg/g de células secas e 44 cm^3 a 2 % de NaCl, respetivamente. O teor de GSH aumentou com a diminuição do teor de NaCl e registou os valores mais elevados a 1% e 18 mg/g de células secas. Assim, pode afirmar-se que o crescimento da estirpe *S.cerevisiae* SCC na presença de 2 % de NaCl melhorou o teor de GSH desta estirpe em 30,76 % quando comparado com o controlo.

- Os valores mais elevados de teor de GSH foram registados após 120 min em meio contendo 10 % de glucose, seguido de meio contendo 20 %, sendo 35,32 e 26,0 mg/g de células secas, respetivamente. O aumento do tempo de incubação para mais de 120 minutos levou a uma ligeira diminuição do teor de GSH nestas concentrações de glucose, exceto no meio com 30 % de glucose, que atingiu o teor máximo após 180 minutos e depois diminuiu. Na mesma tendência, o aumento do potencial osmótico no meio aumenta o poder de gaseificação. Por conseguinte, os valores mais elevados do poder de gaseificação foram registados a 20 e 30 % de glucose, sendo 66 cm^3 após 30 minutos ou 71 cm^3 após 60 minutos de incubação, respetivamente.

- As células cultivadas no meio de melaço com diferentes concentrações de selénio que foram adicionadas no tempo zero ou após 24 h de incubação, mostraram que o conteúdo de selénio orgânico nas células, que foram cultivadas em meio contendo (0,5, 1,0 e 2,0 µg Se/ml) foram 21, 31 e 67 µg Se/g de peso seco de levedura, respetivamente. A concentração de selénio orgânico nas células sujeitas a selénio (0,5, 1,0 e 2,0 µg Se/ml) após 24 h de incubação foi baixa (4, 6,9 e 5 µg Se/g de peso seco de levedura). Não foi observado qualquer efeito claramente inibitório no crescimento ou no poder de gaseificação das células em todas as concentrações de selénio, em comparação com a experiência de controlo.

- Esta experiência teve como objetivo estudar a alimentação dos ratos com quantidades iguais de levedura contendo diferentes concentrações de selénio (100, 200, 300 e 400 µg de Se), preparada no nosso laboratório, que não mostrou qualquer influência no crescimento, na função renal (CK), na função hepática (AST, ALT, ALK, proteína e albumina) e na glucose no soro, bem como nos estudos histopatológicos. O teor de Se e a atividade da glutationa peroxidase (GSH-Pxe) nos eritrócitos aumentaram gradualmente com o aumento do Se suplementado.

Referências

- **A.O.A.C. (2002).** Official Methods of analysis of Association of Official Analytical chemisis 18th Ed. Washington, D.C.

- **Abbas, C. A. (2006).** Capítulo 10: Produção de Antioxidantes, Aromas, Cores, Sabores e Vitaminas por Leveduras. In: The yeast handbook, Volume 2: Yeasts in food and beverages. Querol, A. e Fleet, G. (Eds.). SpringerVerlag, Heidelberg, Alemanha. p.p. 287-288.

- **Ackman, R.G. (1962).** Estrutura e tempo de retenção na cromatografia gás-líquido de ácidos gordos insaturados em substratos de poliéster. Nature, Londres. 194: 970-971.

- **Alfthan, G.; Xu, G. L.; Tan, W. H.; Aro, A.; Wu, J.; Yang, Y. X.; Liang, W. S.; Xue, W. L. e Kong, L. H. (2000).** Suplementação com selénio de crianças numa zona deficiente em selénio na China. Biological Trace Element Research. 73 (2): 113-125.

- **Banerjee, H. N. e Verma, M. (2000).** Procura de uma nova toxina assassina na levedura *Pichia pastoris*. Plasmid. 43 (2): 181-183.

- **Banerjee, N.; Bhatnagar, R. e Viswanathan, L. (1981).** Inibição da glicólise por furfural em *Saccharomyces cerevisiae*. Jornal Europeu de Microbiologia Aplicada e Biotecnologia. 11(4): 224-228.

- **Barnett, J.A. e Sims, A.P.(1982).** A necessidade de oxigénio para o transporte ativo das leveduras. Journal of General Microbiology. 128: 2303-23121.

- **Beutler, E.; Duron, O. e Kelly e Mikus, B. (1963).** Método melhorado para a determinação do glutatião no sangue. Journal of Laboratory and Clinical Medicine. 61: 882-888.

- **Brown, M. R.; Barrett S. M.; Volkman J. K.; Nearhos S. P.; John A. Nell, J. A. e Geoff L. Allan. (1996).** Composição bioquímica de novas leveduras e bactérias avaliadas como alimento para a aquacultura de bivalves. Aquaculture. 143:341-360.

- **Çalik, G.; Berk, M.; Boyaci, F. G.; Çalik, P.; Takaç, S. e Ozdamar, T. H. (2001).** Processos de pré-tratamento de melaço para a utilização em processos de fermentação. Engineering and Manufacturing for Biotechnology. (4): 21-28.

- **Cambon, B.; Monteil, V.; Remize, F.; Camarasa, C. e Dequin, S. (2006).** Efeitos da sobreexpressão *de GPD1* em estirpes de leveduras comerciais de vinho *Saccharomyces cerevisiae* sem genes *ALD6*. Applied and Environmental Microbiology. 72 (7): 4688-4694.

- **Cazetta, M. L. e Celligoi, M. A. P. C. (2006).** Estudo da relação melaço / resíduo de vinagre para produção de proteínas unicelulares e lipídios totais. Ciências Exatas Tecnológicas, Londrina. 27 (1): 03-10.

- **Cha, J.Y.; Park, J.C.; Jeon, b.S.; Lee, Y.C. e Cho, Y.S. (2004).** Condições óptimas de fermentação para aumentar a produção de glutatião por *Saccharomyces cerevisiae* FF-8. A Sociedade Microbiológica da Coreia. 42 (1): 51-55.

• **Chen, W.; Han, Y.; Jong, S.e Chang, S. (2000).** Isolamento, Purificação e Caracterização de uma Proteína Assassina de *Schwanniomyces occidentalis*. Microbiologia Aplicada e Ambiental.66 (2): 5348-5352.

• **Chung, I. S. e Lee, Y. Y. (1985).** Fermentação de etanol de hidrolisado ácido bruto de celulose usando inóculos de levedura de alto nível. Biotechnology and Bioengineering. 27(3):308-315.

• **Difco Manual of Dehydeater Culture Media and Reagents for microbiology and Clinical Laboratory Procedure. (1977).** 9th ed. Difco laboratories Incorparated, detroit, Michigann. pp.451.

• **Domingues, L.; Vicente, A. A.; Lima, A. e Teixeira, J. A. (2000).** Aplicações da Floculação de Leveduras em Processos Biotecnológicos. Biotecnologia e Engenharia de Bioprocessos. 5: 288-305.

• **Dong, Y.; Yang, Q.; Jia, S. e Qiao, C. (2007).** Efeitos da alta pressão sobre a acumulação de trealose e glutatião nas células *de Saccharomyces cerevisiae*. Biochemical Engineering Journal. 37: 226-230.

• **Duarte, L. C.; Carvalheiro, F.; Neves, I. e Girio, F. M. (2005).** Efeitos de Ácidos Alifáticos, Furfural e Compostos Fenólicos em *Debaryomyces hansenii* CCMI 941. Bioquímica Aplicada e Biotecnologia. 121-124: 413425.

• **Dumont, E.; Vanhaecke, F. e Cornelis, R. (2006).** Especiação de selénio desde a fonte alimentar até aos metabolitos: uma revisão crítica. Analytical Bioanalytical Chemistry. 385: 1304-1323.

• **Eicher, S. D.; McKee, C. A.; Carroll J. A. e Pajor, E. A. (2006).** Vitamina C suplementar e β-glucano de parede celular de levedura como potenciadores de crescimento em porcos recém-nascidos e como imunomoduladores após um desafio de endotoxina após o desmame. Journal of Animal Science. 84:2352-2360.

• **Autoridade Europeia para a Segurança dos Alimentos (EFSA). (2008).** Levedura enriquecida com selénio como fonte de selénio adicionado para fins nutricionais em alimentos destinados a uma alimentação especial e em alimentos (incluindo suplementos alimentares) para a população em geral. The EFSA Journal. 766: 1-42.

• **EVM (Grupo de Peritos em Vitaminas e Minerais). (2003).** Safe Upper Levels for Vitamins and Minerals: 232-239 e EVM/99/17P, 1-53.

• **Fleet, G. H. (2006).** Capítulo 1: O significado comercial e comunitário das leveduras na produção de alimentos e bebidas. In: The yeast handbook, Volume 2: Yeasts in food and beverages. Querol, A. e Fleet, G. (Eds.). Springer-Verlag, Heidelberg, Alemanha. p.p. 4.

• **Fleet, G. H. e Balia, R. (2006).** Capítulo 12: A saúde pública e o significado probiótico das leveduras nos alimentos e bebidas. In: The yeast handbook, Volume 2: Yeasts in food and beverages. Querol, A. e Fleet, G. (Eds.). Springer-Verlag, Heidelberg, Alemanha. p.p. 390.

• **Folch, J.; Less, M. e Sloane-Stanby, G.H.(1957).** Um método simples para o isolamento e purificação de lípidos totais de tecidos animais. Journal of Biological Chemistry, Baltimore.226:497-509.

• **Gorsih, S.W.; dien, B.S.; Nichols, N.N.; Slininger, P.J.; liu, Z.L. e Skory. (2006).** A tolerância ao stress induzido pelo furfural está associada aos genes da via das pentoses fosfato *ZWF1, GND1, RPE1 e TKL1* em *Saccharomyces cerevisiae.* Applied Microbial and Cell Physiology. 71: 339-349.

- **Grula, M.; Watson, M. e Pohil, H. A. (1985).** Relação entre a atividade de levedura de padeiro e a fração de células "vitais" determinada por coloração com azul de metileno ou por Dielectroforese. Journal Biological Physic. (13): 29 -32.

- **Harada, Y.; Sakata, K.; Sato, S. e Takayama, S. (1997).** Capítulo 1: Planta Piloto de Fermentação. In: Fermentation and biochemical engineering handbook, Segunda Edição. Vogel, H. C. e Todaro, C. L. Westwood, New Jersey, U.S.A. p.p.3-5.

- **Hawkesford, M. J. e Zhao, F. J. (2007).** Strategies for increasing the selenium content of wheat (Estratégias para aumentar o teor de selénio no trigo). Journal of Cereal Science. 46: 282-292.

- **Herbert, D.; Flsworth, R. e Telling, R.C. (1956).** A cultura contínua de bactérias, um estudo teórico e experimental. Journal of General Microbiology. 14(3): 601-622.

- **Hinojosa, L.; Ruiz, J.; Marchante, J. M.; Gacia, J. I. e Sanz-Medel, A. (2006).** Avaliação da bioacessibilidade do selénio em leveduras selenizadas que alteram a digestão gastrointestinal "in vitro" utilizando cromatografia bidimensional e espetrometria de massa. Journal of Chromatography A. 1110:108-16.

- **Hirasawa, R. e Yokoigawa, K. (2001).** Capacidade de fermentação da levedura de padeiro exposta a meios hiperosmóticos. FEMS Microbiology Letters. 194:159162.

- **Horst Feldmann. (2005).** Yeast Molecular Biology. http://biochemie.web.med.uni-muenchen.de/Yeast_Biol/.

- **Hu, M.L. e Spallholz, J.E. (1985).** Selénio dietético e metemoglobinemia induzida por anilina em ratos. Toxicology Letters. 25:205-210.

- **Ilyas, O.; Muharrem, B.; Ziya, K. A.; Mustafa, Z.; Nurten, A. e Davut, M. (2004).** Efeitos do selénio nas alterações histopatológicas e enzimáticas na lesão hepática experimental de ratos. Patologia Experimental e Toxicológica. 56 (1-2): 59-64.

- **Izawa, S.; Sato, M.; Yokoigawa, K e Inoue, Y. (2004).** Intracellular glycerol influences resistance to freeze stress in *Saccharomyces cerevisiae*: analysis of a quadruple mutant in glycerol dehydrogenase genes and glycerol- enriched cells. Applied Biochemistry and Biotechnology. 66: 108-114.

- **Izgü, F. e Altinbay, D. (1999).** Isolamento e caraterização da proteína assassina de levedura do tipo K6. Microbios. 99:161-172.

- **Jin, Y. L. e Speers, R. A. (1998).** Floculação de *Saccharomyces cerevisiae.* Food Research International. 31 (6-7): 421-440.

- **Kelly, C.; Jones, O.; Barnhart, C. e Lajoie, C**. (2008). Efeito de furfural, vanilina e siringaldeído no crescimento de candida guilliermondii e na biossíntese de xilitol. Bioquímica Aplicada e Biotecnologia. 148

(1-3): 97108.

- **Kochert, G. (1978).** Quantificação dos componentes macromoleculares das microalgas. In: J.A. Hellebust e J.S. Craigie (Editores), Handbook of Phycological Methods: Physiological and Biochemical Methods. Cambridge University Press, Cambridge. pp. 190- 195.

- **Kogan, G.; Pajtinka, M.; Babincova, M.; Miadokova, E.; Rauko, P.; Slamenova, D. e Korolenko, T. A. (2008).** Polissacarídeos da parede celular de leveduras como antioxidantes e antimutagénicos: podem combater o cancro? Neoplasma. 55(5):387-393.

- **Kvicala, J.; Zamrazil, V.; Nemecek, J. e Jiranek, V. (2003).** Influência da suplementação de selénio a curto prazo com várias quantidades de selénio ligado organicamente na concentração de selénio no soro e na urina. Trace Elements and Electrolytes. 20 (2): 94-98.

- **Larsson, S.; Cassland, P. e Jonsson, L.J. (2001).** Desenvolvimento de uma estirpe *de Saccharomyces cerevisiae* com maior resistência aos inibidores da fermentação fenólica em hidrolisados de lignocelulose através da expressão heteróloga de lacase. Applied Environmental Microbiology. 67(3):1163-1170.

- **Larsson, S.; Palmqvist, E.; Hahn-Hagerdal, B.; Tengborg, C.; Stenberg, K.; Zacchi, G. e Nilvebrant, N. (1999).** A geração de inibidores de fermentação durante a hidrólise ácida diluída de madeira macia. Enzyme and Microbial Technology. 24:151-159.

- **Larsson, S.; Quintana-Sainz, A.; Reimann, A.; Nilvebrant, N.O. e Jonsson, L.J. (2000).** Influência dos compostos aromáticos derivados da lignocelulose no crescimento limitado ao oxigénio e na fermentação etanólica por *Saccharomyces cerevisiae.* Applied Biochemistry and Biotechnology. 84/86:617-632.

- **Lee, B. e Kim, J.K. (2001).** Produção de biomassa *de Candida utilis* em melaço em diferentes tipos de cultura. Aquacultural Engineering. 25: 111-124.

- **Lewkowski, J. (2001).** Síntese, química e aplicações do 5-hidroximetil furfural e seus derivados. Arkat-USA. 17-54.

- **Li, Y.; Wei, G. e Chen, J. (2004).** Glutationa: uma revisão sobre a produção biotecnológica. Journal of Industry Microbiology Biotechnology. 66: 233-242.

- **Liu, Z. L. (2006).** Adaptação genómica de leveduras etanologénicas a inibidores da conversão de biomassa. Journal of Industry Microbiology and Biotechnology. 73: 27-36.

- **Liu, Z. L.; Slininger, P. J.; Dien, B. S.; Berhow, M. A.; Kurtzman, C. P. e Gorsich, S. W. (2004).** Adaptive response of yeasts to furfural and 5- hydroxymethylfurfural and new chemical evidence for HMF conversion to 2,5- bis-hydroxymethylfuran. Journal Industry Microbiology Biotechnology. 31: 345-352.

- **Lodder, J. (1970).** The yeasts (2nd Edition). North Holland Publishing Co., Amesterdão. Londres. p.p. 1485.

- **Lodder, J. e Kreger van Rij, N.J.W. (1967).**

- **Lowes, K. F.; Shearman, C. A.; Payne, J.; Mackenzie, D.; Archer, D. B.; Merry, R. J. e Gasson,**

M. J. (2000). Prevenção da deterioração de leveduras em alimentos para animais e géneros alimentícios pela levedura mycocin HMK. Microbiologia Aplicada e Ambiental. 66: 1066-1076.

- **Lu, F.; Wang, Y.; Bai, D. e Du, L. (2005).** Adaptive response of *Saccharomyces cerevisiae* to hyperosmotic and oxidative stress. Process Biochemistry. 40 (11): 3614-3618.

- **Machado, M. D.; Santos, M. S. F.; Gouveia, C.; Soares, H.M.V.M. e Soares, E. V. (2008).** Remoção de metais pesados utilizando uma estirpe de levedura de cerveja *Saccharomyces cerevisiae*: A floculação como processo de separação. Bioresource Technology. 99: 2107-2115.

- **Macierzynska, E.; Grzelaka, A.; e Bartosz, G.; (2007).** O efeito do meio de crescimento na defesa antioxidante de *Saccharomyces cerevisiae.* Cellular and Molecular Biology Letters. 12: 448 - 456.

- **Mager, W. H. e Siderius, M. (2002).** Novos conhecimentos sobre a resposta da levedura ao stress osmótico. FEMS Yeast Research. 2: 251-257.

- **Martin, C.; Galbe, M.; Nilvebrant, N. O. e Jonsson, L. J. (2007).** Comparação da fermentabilidade de hidrolisados enzimáticos de bagaço de cana-de-açúcar pré-tratados por explosão a vapor usando diferentes agentes de impregnação. Bioquímica Aplicada e Biotecnologia. 98-100 (1-3): 699-716.

- **McClary, D.O.; Nult, W.L. e Miller, G.R. (1959).** Efeito do potássio versus sódio na esporulação de Saccharomyces. Journal of Bacteriology. 78: 362-368.

- **Melvydas, V.; Serviene, E.; Cernishova, O. e Petkuniene, G. (2007).** Um novo fator X segregado pela levedura inibe as toxinas assassinas K1, K2 e K28 de *Saccharomyces cerevisiae*. Biologija. 53 (2): 32-35.

- **Meskauskiené, V. e Melvydas, V. (2007).** Análise primária de novas medidas contra doenças fúngicas de plantas lenhosas. Biologija.18 (1):50-53.

- **Millati, R.; Niklasson, C. e Taherzadeh, M.J. (2002).** Efeito do pH, tempo e temperatura de sobrealimentação na desintoxicação de hidrolisados de ácido diluído para fermentação por *Saccharomyces cerevisiae*. Process Biochemistry. 38(4):515-522.

- **Misra, P.; Kumar, S. e Agrawal, P. K. (2004).** Produção de álcool a partir de melaço de baixa qualidade por fermentação - efeito da clarificação por processos físico-

- métodos químicos. Federação Nacional de Cooperativas de Fábricas de Açúcar Ltd. 35 (6): 457-463.

- **Modig, T.; Liden, G. e Taherzadeh, M. J. (2002).** Efeitos de inibição do furfural na álcool desidrogenase, aldeído desidrogenase e piruvato desidrogenase. Biochemical Journal. 363:769-776.

- **Mohamed, A.E. (1999).** Environmentalmental variations of trace element concentrations in Egyptian cane sugar and soil samples (Edfu factories), Food Chemistry. 65: 503-507.

- **Mortier, A. e Soares, E.V. (2007).** Separação de leveduras por adição de células floculentas de *Saccharomyces cerevisiae*. Revista Mundial de Microbiologia e Biotecnologia. 23(10):1401-1407.

- **NAS. (2000).** National Academy of Science Dietary Reference Intakes for Vitamin C, Vitamin E, Selenium and Carotenoids, National Academy Press, Washington, D.C.

- **Navarro-Alarcon, M. e Cabrera-Vique, C. (2008).** O selénio nos alimentos e no corpo humano: Uma revisão. The Science of the Total Environment. 400 (13): 115-141.

- **Nishikawa, N. k.; Sutcliffe, R.; e Saddler, J. N. (1988).** A influência dos produtos de degradação da lignina na fermentação da xilose por Klebsiella pneumoniae. Applied Microbiology and Biotechnology. 27:549-552.

- **Nout, M.J.R.; Platis, C.E. e Wicklow, D.T. (1997).** Biodiversidade de leveduras do labirinto de Illinois. Canadian Journal of Microbiology. 43:362-367.

- **Oda, Y. e Ouchi, K. (1989).** Análise de componentes principais das caraterísticas desejáveis em leveduras de panificação. Applied and Environmental Microbiology (55):1495-1499.

- **Olsson, L. e Hahn-Hagerdal, B. (1996).** Fermentação de hidrolisados lignocelulósicos para a produção de etanol. Enzyme and Microbial Technology. 18(5):312-331.

- **Paget, G.E. e Barnes, J.M. (1964).** Testes de toxicidade. In: Laurence DR Bacharach AL, editores. Evaluation of drug activities: pharmacometrics. Londres e Nova Iorque: Academic Press.p. 134-66.

- **Painter, P.R. e Marr, A.G.(1963).** Matemática das populações microbianas. Revisão Anual de Microbiologia. 22:219.

- **Palmqvist, E.; Almeida, J. S. e Hahn-Hagerdal, B. (1999).** Influência do furfural na cinética glicolítica anaeróbia de *Saccharomyces cerevisiae* em cultura descontínua. Biotechnology and Bioengineering. 62(4):447-454.

- **Peng, L.; Li-jun, C.; Guo-xue, L.; Shi-hua, S.; Li-li, W.; Qi-yang, J. e Jin-feng, Z. (2007).** Influência da concentração de furfural no crescimento e no rendimento de etanol de *Saccharomyces kluyveri*. Journal of Environmental mental Sciences 19:1528-1532.

- **Peres M. F.S. ; Claudia, R.C.S. ; Tininis, S. C. S. ; Walker, G. M.; e Cecilia, L. (2005).** Respostas fisiológicas de células de levedura de panificação prensadas e pré-tratadas com ácidos cítrico, málico e succínico. Revista Mundial de Microbiologia e Biotecnologia. (21):537-543.

- **Petering, J.E.; Symons, M.R.; Langridge, P. e Henschke, P.A. (1991).** Determinação da atividade da levedura assassina no sumo de uva em fermentação utilizando uma estirpe de levedura de vinho *Saccharomyces* marcada. Microbiologia Aplicada e Ambiental. (57): 3232-3236.

- **Polona, J.; Petra, M. e Peter, R. (2006).** Aumento do teor de glutatião na levedura *Saccharomyces cerevisiae* exposta ao NaCl. Anais de Microbiologia. 56 (2): 175-178.

- **Ponce de León, C.A.; Bayón, M.M.; Paquin, C. e Caruso, J.A. (2002).** Incorporação de selénio em células *de Saccharomyces cerevisiae*: um estudo de diferentes métodos de incorporação. Journal of Applied Microbiology.92 (4):602- 610.

- **Rayman, M. P. (2004).** O uso de levedura com alto teor de selénio para aumentar o nível de selénio: como é que se mede? British Journal of Nutrition. 92: 557-573.

- **Reida, M. E.; Strattonb, M. S.; Lillicoc, A. J.; Fakiha, M.; Natarajana, R.; Clarkb, L. C. e Marshall, J. R. (2004).** Um relatório de suplementação de selénio em doses elevadas: resposta e toxicidades. Journal of Trace Elements in Medicine and Biology. 18: 69-74.

- **Rhymes, M. R. e Smart, K. A. (2001).** Efeito das condições de armazenamento na floculação e nas caraterísticas da parede celular de uma estirpe de levedura de cerveja ale. Sociedade Americana de Químicos de Fabrico de Cerveja. 59:32-38.

- **Rose, A. H. e Vijayalakshmi, G. (1993).** Baker's yeast In: Rose A. H. e Harrison J. S. The yeasts. (5): pp 361-362.

- **Rotruck, J. T.; Pope, A. L.; Ganther, H. E. e Hoekstra, W. G. (1972).** Prevention of oxidative damage to rat erythrocytes by dietary selenium. Journal of Nutrition. 102 (5): 689-696.

- **Roukas, T., 1998**. Pré-tratamento do melaço de beterraba para aumentar a produção de pululano. Processes biochemistry. 33 (8):803-810.

- **Sampermans, S.; Mortier, J. e Soares, E. V. (2004).** Início da floculação em *Saccharomyces cerevisiae*: o papel dos nutrientes. Journal of Applied Microbiology. 98 (2): 525-531.

- **Santos, L. O.; Gonzales, T. A.; Ùbeda, B. T. e Alegre, R. M. (2007).** Influência das condições de cultura na produção de glutatião por *Saccharomyces cerevisiae.* Applied Microbiology and Biotechnology. 77:763-769.

- **SCF. (2000)**. Opinion of the Scientific Committee on Food on the Tolerable Upper Intake Level of Selenium (Parecer do Comité Científico da Alimentação Humana sobre a dose superior tolerável de selénio) (expresso em 19 de outubro de 2000).

- **Schrauzer, G. N. (2000).** Selenometionina: uma revisão do seu significado nutricional, metabolismo e toxicidade. Journal of Nutrition. 130: 1653-1656.

- **Schrauzer, G. N. (2006).** Levedura de selénio: Composição, qualidade, análise e segurança. Química Pura e Aplicada.78 (1): 105-109.

- **Schrauzer, G.N. (2001).** Suplementos nutricionais de selénio: tipos de produtos, qualidade e segurança. O Colégio Americano de Nutrição. 20 (1): 1-4.

- **Seki, T.; Eon, H. e Dewy, R. (1985).** Construção de estirpes de leveduras assassinas de vinho. Microbiologia Aplicada e Ambiental. 49(5): 1211-1215.

- **Selitrennikoff, C. P. (2001).** Proteínas antifúngicas. Microbiologia Aplicada e Ambiental. 67: 2883-2884.

- **Sloth, J.; Larsen, E. H.; Bügel, S. H. e Moesgaard, S. (2003).** Determinação do selénio total e^{77} Se em amostras humanas enriquecidas isotopicamente por ICP-dynamic reaction cell-MS. Journal of Analytical

Atomic Spectrophotometry. (18): 317-322.

- **Soares, E. V. e Seynaeve, J. (2000).** Indução da floculação de estirpes de levedura de cerveja *Saccharomyces cerevisiae* através da alteração da concentração de cálcio e do pH do meio de cultura. Biotechnology Letters. 22: 18271832.

- **Soares, E. V.; Teixeira, J. A. e Mota, M. (1991).** Influência do arejamento e da concentração de glucose na floculação de *Saccharomyces cerevisiae.* Cartas de Biotecnologia. 13 (3): 207-212.

- **Soares, E. V.; Vroman, A.; Mortier, J.; Rijsbrack, K. e Mota, M. (2004).** Fontes de carbono com hidratos de carbono induzem a perda de floculação de uma estirpe de levedura de cerveja. Journal of Applied Microbiology. 96: 1117-1123.

- **Soares, G.A.M e Sato, H.H. (1999).** Toxina killer de *Saccharomyces cerevisiae* Y500-4L ativa contra as marcas comerciais de leveduras Fleischmann e Itaiquara. Revista de Microbiologia. 30:253-257.

- **Stabnikova, O.; Ivanov, V.; Larionova, I.; Stabnikov, V.; Bryszewska, M. A. e Lewis, J. (2008).** Produto de panificação dietético ucraniano com levedura enriquecida com selénio. LWT - Ciência e Tecnologia Alimentar. 41: 890-895.

- **Stangl, G.I.; e Kirchgessner, M. (1998).** Effect of different degrees of moderate iron deficiency on the activities of tricarboxylic acid cycle enzymes, and the cytochrome oxidase, and the iron, copper, and zinc concentrations in rat tissues. Emahrungswiss (37): 260-268.

- **Stratford, M. (1989).** Floculação de leveduras: especificidade do cálcio. Yeast. 5(6): 487-496.

- **Stratford, M. (1992).** Floculação de leveduras: reconciliação dos pontos de vista fisiológico e genético. Leveduras. 8:25-38.

- **Suhajda, A.; Hegdczki, J.; Janzso, B.; Pais, I. e Vereczkey, G. (2000).** Preparação de leveduras com selénio I. Preparação de *Saccharomyces cerevisiae* enriquecida com selénio. Journal of Trace Elements in Medicine and Biology. 14:43 - 47.

- **Sujak, A.; Kotlarz, A.; e Strobel, W. (2006).** Avaliação da composição e nutrição de várias sementes de tremoço. Food Chemistry. 98:711-719.

- **Sun, J.Y.; Jing, M.Y.; Weng, X.Y.; Xu, Z.R. e Wang, J.F. (2005).** Effects of dietary zinc levels on the activities of enzymes, weights of organs, and the concentrations of zinc and copper in growing rats. Biol. Trace Elements Research. 107 (2): 153-165.

- **Suomalainen, H. e Lehtonen, M. (1979).** The production of aroma compounds by yeast. Journal of the Institute of Brewing. 85(3):149-156.

- **Taherzadeh, M. J.; Gustafsson, L.; Niklasson, C. e Liden, G. (2000).** Physiological effects of 5-hydroxymethylfurfural on *Saccharomyces cerevisiae.* Applied Microbiology and Biotechnology. 53(6):701-708.

• **Taherzadeh, M. J.; Gustafsson, L.; Niklasson, C. e Liden, G. (1999).** Conversão de furfural em fermentação aeróbica e anaeróbica de glucose por *Saccharomyces cerevisiae*. Journal of Bioscience and Bioengineering. 87(2): 169-174.

• **Tamas, M. J. e Hohmann, S. (2003).** Capítulo 4: A resposta ao stress osmótico de *Saccharomyces cerevisiae*. In: Topics in current genetic, Volume 1: yeast stress responses. S hohmann/P.W.H Mager (Eds.). Springer-Verlag, Berlin Heidelberg, p.p. 122-123.

• **Tanghe, A. N.; Prior, B. e Thevelein, J. M. (2003).** Capítulo 9: As respostas das leveduras ao stress. In: The yeast handbook, Biodiversity and Ecophysiology of Yeasts. Péter G e Rosa C (Eds.). Springer Berlin Heidelberg. p.p 176.

• **Vaughan-Martini, A. e Martini, A. (1998).** Descrições de géneros e espécies de ascomicetos teleomórficos (44. *Saccharomyces* Meyen ex Reess) In: The Yeasts, a taxonomic study. Kurtzman, C. P. e Fell, J. W. Elsevier, Amesterdão. pp 358-362.

• **Venardos, K.; Harrison, G.; Headrick, J. e Perkins, A. (2004).** Effects of dietary selenium on glutathione peroxidase and thioredoxin reductase activity and recovery from cardiac ischemia-reperfusion. Journal of Trace Elements in Medicine and Biology. 18: 81-88.

• **Verstrepen, K. J.; Derdelinckx, G.; Verachtert, H. e Delvaux, F. R. (2003).** Floculação da levedura: o que os fabricantes de cerveja devem saber. Applied Microbiology and Biotechnology. 61:197-205.

• **Wang, S.L.; Zhang, X.; Zhang, H. e Lin, K. (2001).** Efeitos de alguns aditivos no crescimento e no teor de carotenóides de Rhodotorula. Food Science Technology (2):20-21.

• **Wang, Z.; Tan, T. e Song, J. (2007).** Effect of amino acids addition an feedback control strategies on the high-cell-density cultivation of *Saccharomyces cerevisiae* for glutathione production. Process Biochemistry. 42: 108-111.

• **Weiler, F. e Schmitt, M. J. (2003).** Zygocin, uma toxina antifúngica segregada da levedura *Zygosaccharomyces bailii*, e o seu efeito em células fúngicas sensíveis. FEMS Yeast. 3: 69-76.

• **Winderickx, J.; Holsbeeks, I.; Lagatie, O.; Giots, F.; Thevelein, J. e Winde, H. D. (2003).** From feast to famine: adaptation to nutrient availability in yeast (Da festa à fome: adaptação à disponibilidade de nutrientes em leveduras). Em Topics in Current Genetics, Vol. 1: Yeast Stress Responses (Hohmann, S. e Mager, P.W.H., eds). Springer-Verlag Heidelberg, Alemanha. pp. 305-386.

• **Xia, Y.; Zhao, X.; Zhu, L. e Whanger, P.D. (1992).** Metabolismo de selenato e selenometionina por uma população de homens da China com deficiência de selénio. Journal of Nutrition & Biochemistry. 3: 202-210.

• **Xiong, Z. Q.; Guo, M. J.; Guo, Y. X.; Chu, J.; Zhuang, Y. P. e Zhang S L. (2008).** Extração eficiente de glutatião reduzido intracelular do caldo de fermentação de *Saccharomyces cerevisiae* por etanol. Bioresource Technology. 100 (2): 1011-1014.

- **Yoon, S.H.; Mukerjea, R. e Robyt, J. F. (2003).** Especificidade da levedura (*Saccharomyces cerevisiae*) na remoção de hidratos de carbono por fermentação. Carbohydrate Research. 338(10):1127-32.

- **Yoshida, M.; Fukunaga, K.; Tsuchita, H. e Yasumotok. (1999).** Uma avaliação da biodisponibilidade do selénio em levedura com alto teor de selénio. Journal of Nutritional Science and Vitaminology. 45(1): 119-128.

- **Zhang, L.; Onda, k.; Imai, R.; Fukuda, R.; Horiuchi, H. e Ohta, A. (2003).** A redução da temperatura de crescimento induz uma resposta antioxidante em *Saccharomyces cerevisiae.* Biochemical and Biophysical Research Communications. 307: 308-314.

- **Zhang, T.; Wen, S. e Tan, T. (2006).** Otimização do meio para a produção de glutatião em *Saccharomyces cerevisiae.* Process Biochemistry. 42: 454-458.

- **Zvereva, L. F.; Nemzova, Z. S. e Volkova, N. P. (1982).** Tecnologia e controlo da indústria de panificação. Moscovo: Manufacturing and Food Production Publishing.

Printed by Books on Demand GmbH, Norderstedt / Germany